쿤의
과학혁명의 구조

국립중앙도서관 출판예정도서목록(CIP)

쿤의 과학혁명의 구조 / 지은이: 박영대, 정철현 ; 그린이: 최재
정, 황기홍. — 서울 : 작은길출판사, 2015
    p. ;   cm

권말부록: 함께 읽으면 좋은 책
"토머스 쿤 연보"와 색인수록
ISBN 978-89-98066-16-1 04400 : ₩16000
ISBN 978-89-98066-13-0 (세트) 04080

쿤(과학사학자)[Kuhn, Thomas]
과학 철학[科學哲學]
과학 혁명의 구조[科學革命─構造]]

401-KDC6   CIP2015012491
501-DDC23

쿤의 과학혁명의 구조

과학과 그 너머를 질문하다

박영대 · 정철현 글 | 최재정 · 황기홍 그림

작은길

역사를 공부하는 이유는 단순하다. 과거는 현재의 거울이고, 현재는 미래의 거울이기 때문이다. 과학사도 마찬가지다. 우리가 과학사를 공부하는 이유는 단순히 지식을 늘리는 것에 그치지 않고 행간 사이사이 첩첩이 쌓여 있는 선인들의 지혜를 나의 삶에 녹여 사용하기 위해서다. 역사가 결국 인물과 인물의 연결로 서술되듯이 과학사 역시 과학자와 과학자의 연결로 읽을 수 있다. 과학사는 분명 역사의 한 분과에 지나지 않지만, 역사를 좋아한다고 과학사를 쉽게 읽을 수 있는 것은 아니다. 과학자가 성취한 과학적 사실 또는 과학적 사고체계와 같은 진보의 실체를 이해하는 게 쉬운 일이 아니기 때문이다. 그래서인지 과학사나 과학자의 일생을 다룬 책은 대부분 과학 발전에 미치는 의미를 다룰 뿐 그 실체를 알려 주지 않는다. 그런 것은 과학책에서 보라는 식이다.

그렇다면 과학책을 보면 해결이 될까? 아니다. 대부분의 과학책은 하늘에서 뚝 떨어진 듯한 과학적인 사실만을 알려 준다. 그런데 단순한 과학적 사실마저도 이해하기가 어렵다. 원래 과학이 어렵기 때문이다. 역사도 어렵고, 철학도 어렵고, 미술도 어렵다. 과학은 유난히 더 어렵다. 과학은 우리의 일상 언어가 아닌 다른 언어로 진술되기 때문이다. 수학과 물리 공식, 온갖 화학식과 그래프가 필요하다. 이것을 피하다 보면 과학은 사라지고 일화만 남게 된다. 과학 따로 역사 따로. 지금까지의 과학사와 과학 관련 교양서들의 한계가 바로 이것이다. 과학사 책과 과학 책을 나란히 놓고 보면 이 한계를 극복할 수 있을까? 한 가지 방법이긴 하다. 독자의 끈기와 수고로움이 요구되지만 말이다. 그런데 그것은 독자가 할 일은 아니다. 더군다나 독자가 읽어야 할 책이 과학책이라면 그것은 먼저 저자와 출판사의 몫이 되어야 한다. 〈메콤새콤 시리즈〉는 여기에 도전한다. 이 시리즈는 만화라는 양식을 빌어 과학사와 과학을 돌파하고 있다. 주인공과 관런한 일화를 양념으로 삼아, '따로 살림' 차리길 편하게 여겼던 과학사와 과학 그 자체를 본래 그랬던 대로 한지붕 아래 살게끔 불러들인다.

세상은 넓고 익혀야 할 과학적 사실은 많다. 그것을 다 좇아가는 것은 현대사회에서는 불가능하다. 과학을 업으로 삼고 있는 사람도 자기의 좁은 전문분야가 아니면 새로운 지식을 습득하기 어렵다. 과학을 한다는 것은 우주 만물에 대한 세세한 지식을 습득한다는 게 아니다. 그건 그리 의미 있는 일도 아니다. 왜냐하면 '과학적 사실'의 수명이 그리 길지 않기 때문이다. 과학의 발전이란 우리가 알고 있는 과학적 사실이 부정된다는 것을 의미한다. 따라서 과학을 한다는 것은 과학적 사고체계를 습득하는 것이다. 풀어서 말해 보자면, 그것은 열린 지성의 토대 위에 물질관과 세계관을 구성해 가는 능력을 기르는 것이다. 과학에 대한 이 같은 정의에 수긍할 수 있다면, 지금의 과학을 만들어 온 토대를 파악하는 일은 전문성의 영역에서 해방된다. 〈메콤새콤 시리즈〉가 19~20세기의 과학적 성과 가운데 현대과학을 이해하는 데 필수적인 업적을 가려뽑고, 그 업적을 대표하는 과학자 10인의 삶과 연구과정 그리고 그들의 연구 결과가 우리 삶에 미치는 영향을 다각도로 살피는 책으로 기획된 이유가 여기에 있을 것이다.

그럼에도 여하튼 결코 쉬운 일은 아니다. 250쪽 안팎의 책으로 그게 가능할까, 하는 기대와 의구심으로 책을 열어 보았는데 〈메콤새콤 시리즈〉는 가능성을 보여 주었다. 만화라는 양식을 취하고 있다고 해서 만만하게 접근할 책이 아니다. 마음의 준비를 단단히 하고 집중해서 읽다 보면 지식과 지혜를 함께 얻을 수 있을 것이다.

이정모(서울시립과학관 초대관장)

쿤을 처음 만났던 것은 연구실의 '자연학 세미나'에서였다. 자연학 세미나는 자연과 생명, 과학에 대한 새로운 상상력을 얻고자 만든 세미나다. 자연학 세미나를 해오면서 우리는 경이로운 세계와 만났다. 지금 여기에 다른 차원의 우주가 있다는 사실에 놀랐고, 양자역학의 이해할 수 없는 세계 앞에서는 좌절하면서도 매료되었다. 굴드를 통해서는 생명의 아름다움에 빠져들었다. 경이로운 세계를 만날수록 내가 알고 있던 '과학'에 의문이 들었다. 자연과 생명이 이처럼 광대하고 풍부한 것이라면, 그것을 이해하는 과학 또한 다양할 수 있지 않을까? 지금까지 배워 왔던 과학과 다른, 완전히 새로운 과학을 상상할 수 있을까? 고민을 하던 중 쿤의 『과학혁명의 구조』를 읽었다. 그리고 다른 과학이 가능하다는 것을 비로소 알게 되었다.

과학은 패러다임 위에 놓여 있다. 이는 패러다임을 떠나서 순수한 과학을 해야 한다는 말이 아니다. 패러다임이 없으면 우리는 아무것도 관찰할 수 없고 무엇도 알아낼 수 없다. 그런 점에서 패러다임은 과학을 이루고 있는 보이지 않는 지반이다. 하지만 그 지반이 변한다면? 계속해서 변해 왔고 앞으로도 변할 것이라면? 그 위에 서 있는 과학 또한 새롭게 구성될 것이다. 과학은 결코 불변의 진리가 아니다. 과학에 역사가 있다는 것 자체가 과학이 변천을 거듭해 왔고 혁명의 순간마다 새롭게 구성되었음을 의미한다. 그러므로 언젠가 다른 패러다임 위에서 다른 과학이 만들어질 것이다.

과학에 대한 상상력을 막고 있던 또 다른 장벽도 있었다. 과학이 원리와 사실로 이루어진 체계라는 고정관념! 과학은 사람들의 활동이다. 사람들끼리 서로 논쟁하고 합의하고 감각을 맞춰 가는 일련의 활동들이다. 쿤은 지금껏 중요하게 다뤄지지 않았던 과학자, 구체적인 사람들의 모습에 주목한다. 과학자들이 서로를 설득하며 과학자 공동체를 이루고, 공동의 활동으로부터 이론과 사실을 만들어내는 과정이야말로 과학의 본질이다. 그래서 과학은 언제나 과학 '활동'일 수밖에 없으며, 이론과 사실은 과학 활동의 결과물이다. 물론 기존의 이론과 사실을 무시할 수는 없다. 하지만 그보다 중요한 것은 함께 공부하면서 자연에 대한 새로운 지식과 감각을 구성하는 일이다. 이것이 가능하다면 새로운 과학은 분명 가능하다. 이렇듯 쿤은 우리에게 새로운 과학의 가능성을 열어 주었다. 그 힘으로 이렇게 책까지 낼 수 있었다.

이 책은 쿤의 일생과 『과학혁명의 구조』를 풀어낸 책이다. '과학이란 무엇인가'에 대한 우리의 고민과 나름의 대답을 담았다. 하지만 독자들은 이 책을 훨씬 더 풍부하게 읽어 주셨으면 좋겠다. 쿤은 과학의 역사와 지식을 다루었지만, 우리에겐 수많은 역사들이 있고 다른 앎의 양식들이 있다. 이에 대해 여러 질문을 던져 볼 수 있다. 이를테면 생명의 역사나 개인사를 단절적으로 이해할 수 있을까. 그렇게 이해하는 것이 우리 삶에 어떤 도움을 줄까. 나아가 우리 자신에게도 '패러다임 시프트'가 가능할까. 자기 삶에서 인식의 전환, 세계관의 전환을 어떻게 이룰 수 있을까. 이 질문들은 우리의 고민이지만 미처 다 싣지도 못했고 모두 풀어내지도 못했다. 자기와 동떨어진 과학 이야기가 아니라 일상 속에서 쿤을 고민할 수 있다면, 책을 쓴 우리에게 더할 나위 없는 기쁨일 것이다.

과학은 이론을 통해 보편적 원리를 찾아내고 객관적 사실로써 근거를 마련한다. 이것은 정말 즐거운 일이다. 나는 아직도 과학시간에 하얀 가운을 입고 실험을 했을 때 느낀 뿌듯함, 뭔가 대단히 중요한 실험을 하고 있다는 흥분을 잊지 못한다. 소금물을 끓이면 다시 소금으로 변하는 충격, 투명한 용액을 섞었는데 선홍빛으로 바뀌던 놀라움은 여전히 마음속에 남아 있다. 하지만 과학이 교실 밖으로 나갔을 때 그 만남이 꼭 아름답지만은 않다. 방사능이나 고압 송전탑

이 인체에 유해한지 아닌지를 검증해야 하고, 백혈병이 어디에게 비롯되었는지를 판단해야 한다. 과학적 사실을 확인하는 것은 우리 삶과 직결되는 문제이며, 이 판단에 따라 누군가는 살던 곳에서 쫓겨나며 또 누군가는 생명을 잃을 수도 있다. 이럴 때 과학은 '움직일 수 없는' 객관적 사실을 결정한다. 과학적 사실은 객관적이기 때문에 우리는 과학에 삶을 맡길 수밖에 없는 것일까. 나는 과학이 우리 삶을 더욱 즐겁고 풍성하게 만들어 주길 바란다. 삶을 통제하고 제어하는 것이 아니라. 더 멋진 과학을 위해, 과학을 혁명하기. 이것이 우리가 쿤에게서 배운 것이고 우리가 하고 싶은 일이다.

이 책은 수많은 분들의 선물로 이뤄졌다. 하나의 책이 나오기까지 이렇게 많은 분들의 노력과 마음이 필요한지 미처 몰랐다. 먼저 남산강학원 신근영 선생님께 감사드린다. 집필 권유를 받은 것에서부터 글 쓰는 내내 신경 써 주신 마음까지, 근영 선생님의 도움이 없었다면 이 책은 나오지 못했을 것이다. 함께 자연학 세미나를 했던 분들께도 고마움을 전한다. 세미나에서 얻은 배움이 이 책의 자양분이 되었다. 내용도 많고 딱딱하기 그지없는 원고를 만화로 만들어 주신 최재정, 황기홍 작가님께도 깊은 감사를 전한다. 끝으로 정말 오랜 시간이 걸렸음에도 불구하고(수사가 아니다^^;) 기다려 주고 도움을 주신 최지영 작은길 대표님께도 감사드린다.

2015년 5월
남산 자락 필동 남산강학원 공부방에서
박영대, 정철현

차례

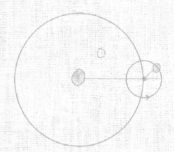Scientific
Revolutions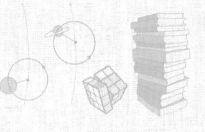

1

희망의
과학

1918년 11월 11일, 전 유럽인을 공포로 몰아넣은 4년 4개월간의 전쟁이 끝났다.

1차대전은 유럽 역사상 전례가 거의 없는 파국을 초래한 사건이었다.

또한 유럽의 제국주의 열강과 미국이 전 대륙을 분할 점령하여 배타적 지배권을 행사하고 있던 탓에 사실상 거의 모든 나라가 전쟁의 광풍에 휘말렸다.

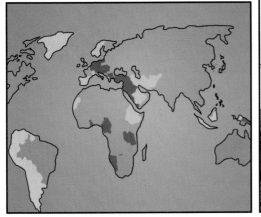

이 무시무시한 전쟁은 유럽이 지금껏 이룩한 문명사회를 잿더미의 폐허로 만들어 버렸고,

수천만 명 이상의 사상자를 남긴 채 끝이 났다.

이성과 합리성이 이룩한 최고 형태이자 표현이라 자부했던 자신들의 문명이, 광기 어린 전쟁을 감행했다는 점은 서구 사회에 커다란 충격을 주었다.

서구 문명의 눈부신 성과 중 하나인 과학 이론과
과학기술은 전쟁과 함께 급속도로 발전했다.

그리고 동시에 대량살상 무기도 만들어냈다.

....

폭탄과 독가스,

탱크, 폭격기,
기관총이
발명되었고,

전쟁 중 물자 운반을 위한 수송수단과 통신을 위한 유선통신 기술이 엄청나게 발전했다.

사람들은 과학의 위험성과 통제 불능성에 대해 깊이 반성했지만,
이러한 시도는 전후 복구와 새 시대를 열고자 하는 희망에 가려 버렸다.

새롭고 희망찬 미래를 위해 다시 과학이 필요했다.

사람들은 과학이 단지 전쟁의 도구였을 뿐,
과학 자체에는 문제가 없다고 생각했다.
다시금 과학에서 희망을 찾았다.

모든 나라들이 앞다투어 과학 발전에 힘썼고, 그렇게 함으로써 사회를 진보시키고자 했다.

기계화와 자동생산의 상징이 된
포드 자동차,

그 밖에도 전화기, 라디오, 비행기 같은 과학기술의 산물들이
사람들의 삶에 스며들었고, 이것 없는 삶은 상상도 할 수 없게
되었다.

무릇 과학이 만들어낸 편리함은 사람들에게
사회와 문명의 진보로 와닿았다.

과학은 희망적이고 낙관적인 미래, 진보의 심벌이 되었다.

1922년 7월 18일, 미국 오하이오주 신시내티

이처럼 미래에 대한 희망으로 가득 찬 시절,
토머스 새뮤얼 쿤은 어느 자유주의 가정에서 태어났다.

아버지 새뮤얼 쿤.

그는 하버드대학과 매사추세츠공대를 나온 유능한 재원이었다. 수압 엔지니어로 일하고 있었으며 에너지 넘치고 매우 똑똑한 사람이었다.

젊은 나이에 1차대전에 참전한 세대였고, 종전 후에는 새로운 희망의 시대를 이끌어 가는 주축이 되었다.

어머니 미네트 스트룩 쿤.

그녀는 차분하고 현명했으며, 평소에 책읽기를 좋아했다.

직업도 책을 편집하는 일이었다.

1934년

………

톰, 뭐하니? 어서 숙제해야지.

네, 엄마.

톰!

걱정 마세요. 거의 완성했어요. 끝나면 바로 할게요.

알았다. 지난 번처럼 숙제하느라 밤을 새지 않았으면 좋겠구나.

엄마, 여기.

후다닥

엄마, 응답하세요. 제 목소리 들려요?

그래~ 톰, 잘 들리는구나.

홀륭하구나. 아빠를 닮아서 과학에 소질이 있네.

야호! 제가 무전기를 만들었어요. 제가 만든 거라고요!

아빠는 훌륭한 과학자인가요?

그럼. 기계에 관해서는 전문가란다. 예전에 아빠가 설계한 댐과 다리를 본 적이 있는데 정말 근사했지.

멋져요! 저도 아빠처럼 훌륭한 과학자가 될래요.

그래 그래. 그렇게 되려면 우선 학교 숙제부터 잘해야겠지?

네에.

미네트, 나 왔어요.

왔어요?

아빠!

아이쿠, 로저. 재밌게 놀았니?

톰은 어디 있어요?

오후 내내 라디오 조립하다가, 이제야 숙제하고 있어요.

하하. 직장 동료도 아들이 무전기 조립에 정신이 팔려서 아빠가 집에 돌아왔는지도 모른다고 불평하던데, 우리 집도 다르지 않구려.

호호, 요즘 분위기가 그런가 봐요. 옆집 아이도 내내 조립한 비행기만 가지고 놀더군요.

요즘 같은 세상에 아이들이라고 가만히 있을라고!

1936년 4월, 헤시안 힐스 학교.*

쿤은 9학년이 되었다.

저는 전쟁에 반대합니다.

톰, 왜 전쟁에 반대하지요?

전쟁에는 많은 비용이 들기 때문입니다.

맞는 말이에요. 그런데 조금 더 구체적으로 말해 볼래요?

네. 새로운 전투함을 한 척 만드는 데 2700만 달러가 듭니다.

$27,000,000

하지만 전쟁을 하지 않고, 전투함을 만들지 않는다면…

● **헤시안 힐스 학교**(Hessian Hills School) 뉴욕주에 있는 진보적인 학교로, 학생들이 스스로 생각하는 능력을 키우도록 하는 교육을 실천했다. 이러한 학풍 덕택에 쿤은 어릴 때부터 대학생도 벅찬 분량의 글쓰기 연습을 할 수 있었다.

교과서가 1.5달러니까,

$$\frac{27,000,000}{1.5} = 18,000,000$$

학생들에게 1800만 권의 책을 무료로 나눠 줄 수 있습니다.

전쟁이 얼마나 낭비이고 무익한지 알아야 합니다.

훌륭한 발표예요.

여러분, 다음 주까지 전쟁에 관한 에세이를 제출하는 것 알죠?

네!

자신만의 생각을 끝까지 써 보세요. 물론, 자기 주장에 대해 타당한 근거를 대야 합니다.

여러분은 에세이를 쓰면서 생각하는 힘을 길러 나가야 해요.

………

난 끝까지 전쟁에 반대할 거야. 대학생이 되어서도, 어른이 되어서도.

평화를 위해 내가 할 수 있는 모든 일을 다할 거야. 인류와 이 세계의 미래가 우리 손에 달렸다.

며칠 후

옥스퍼드 맹세. 어떤 경우에도 평화주의자가 된다는 것이라.

톰, 뭘 그렇게 골똘히 생각하니? 얼굴에 고민이 가득하구나.

아빠, 절대적인 평화주의자가 된다는 것이 가능할까요?

절대적 평화주의자?

미국학생연합에 가입하고 싶은데 그 단체에 들어가려면 맹세를 해야 해요.

옥스퍼드 맹세라고, 어떤 경우에도 싸우지 않겠다는 맹세예요. 심지어 우리나라를 위해서도 그렇게 해야 해요.

저 역시 평화주의자이지만 미국에 전쟁이 일어난다면 어쩔 수 없이 전쟁에 참여할 거예요. 그 맹세를 지킬 자신이 없어요.

………

아빠는 어떻게 생각하세요?

글쎄… 나는 그동안 수없이 많은 맹세를 했단다.

하지만 맹세를 할 때, 그것을
어길 것이라고 생각하면서 하지는
않았던 것 같구나.

앞으로 지키지 않을 거라고
생각하면서 맹세를 하는 사람이
어디 있겠어요?

그렇지.

하지만 절대적인 맹세란 없단다.
맹세를 할 당시의 마음가짐과
의지가 중요하단다.

꾹꾹

세상일이란 게
네가 생각한 것처럼
절대적이지 않아.

세상은 언제나 변해 가지.
우리는 그에 맞도록 최선을
다해 살 뿐이란다.

헤시안 힐스 학교는 9학년 과정까지만 있었기 때문에, 9학년을 마친 쿤은 다른 상급 학교로 전학을 가야 했다.

1938년, 쿤은 명문대 진학을 준비하기 위해 태프트 고등학교*에 입학했다.

그곳은 보수적인 분위기였고, 대학 입학에 필수적인 학과목들을 집중적으로 가르쳤다.

영문

물리학

수학

대부분의 수업이 주입식으로 이루어져 학생들은 엄청난 양의 학과 지식을 습득해야 했다.

쿤은 이 과목들에 흥미와 재능을 보였다.

훌륭해!

● **태프트 고등학교(Taft High School)** 미국 북동부 코네티컷주에 있는 명문 고등학교로, 이곳을 졸업한 많은 학생들이 하버드대나 예일대로 진학했다. 당시 쿤은 하버드대학 진학을 위해 태프트 고등학교에 입학했다.

그 덕분에 쿤은 어릴 때 바라던 대로 과학자의
꿈을 키워 나가게 되었다.

비스킷 좀
드세요.

오, 고맙구나.

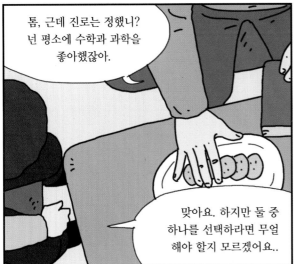

톰, 근데 진로는 정했니?
넌 평소에 수학과 과학을
좋아했잖아.

맞아요. 하지만 둘 중
하나를 선택하라면 무얼
해야 할지 모르겠어요..

아니, 왜?

둘 다 좋으니까요.
그래도 꼭 하나를
택해야 한다면
수학자와 물리학자
중 뭐가 되는 게
나을까요?

내 생각엔
물리학자를 권하고
싶구나.

수학자는 웬만큼 탁월하지 않고서는 계속 연구를
하기가 어렵단다. 그래서 대개는 나중에 보험
설계사나 수학 선생님이 되지.

하지만 물리학은
다르거든.

물리학자는 연구소나 기업에 들어가서 자신만의 연구를 계속해서 할 수 있어.

요즘은 과학이 무궁무진하게 발전하는 때이니, 직업 선택의 폭이 넓은 물리학자가 어떻겠니?

1939년 9월

모두 그 소식 들었어?

뭐 말이야?

나치가 폴란드를 침공했대. 유럽은 지금 전쟁 체제에 돌입했나 봐.

그럼, 우리 미국도 참전하는 건가?

설마 여기까지 전쟁의 여파가 미칠까?

만약 전쟁이 계속되고, 독일의 히틀러가 세계를 정복하려고 한다면, 우리도 반드시 참전해야만 해.

동감이야.

무조건적인 평화만을 외치는 것은 옳지 않아. 상황에 따라서는 전쟁에 개입해야 하는 거야.

당연하지. 세계평화와 민주주의를 지키기 위해서 우리의 힘을 보여 줘야 할 때라고!

우리는 성숙한 정치체제와 더불어, 훨씬 앞선 과학기술로 세계 최고의 국가가 되고 있잖아.

이제 그 능력을 보여 줘야 할 때야!

맞아!

옳소!

………

난 열렬한 평화주의자였다.

저는 전쟁에
반대합니다.

전쟁은 무조건 안 된다고 생각했다.

전쟁이 얼마나
낭비이고 무익한지
알아야 합니다.

그런데 어느새가 참전을
지지하게 되었어.

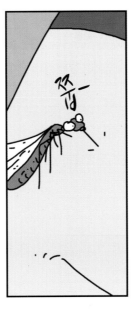

찰싹

전쟁에 개입하면 우리는 어떻게 되지?

지원병으로 나서야 할지도 모르지.

친구들도 대부분 참전을 지지해서 나도 분위기에 동화된 것 같아.

충분히 이성적으로 고민했건만, 결국 결정을 하는 데 이르러서는 이렇게 비합리적일 수밖에 없단 말인가?

어느 순간 내가 평화주의자에서 전쟁 개입주의자로 돌아섰는지 기억이 나지 않는다.

정말 한순간이었던가?

과학에 대한 기대와 희망으로 가득 찬 시대. 하지만 과학이 또다시 검은 그림자를 드리우리라고는 누구도 예상하지 못했다.

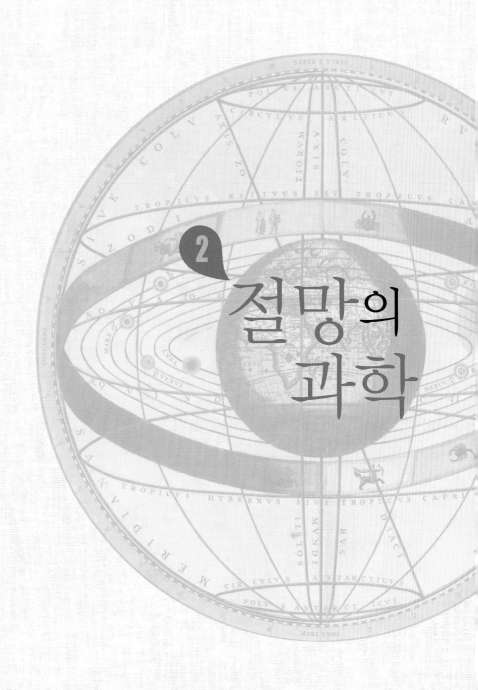

2

절망의
과학

1940년 가을, 쿤은 태프트 고등학교를 우수한 성적으로 졸업했다.

축하해.

나야말로 축하해, 톰. 하버드로 간다며?

게다가 물리학을 공부할 거래!

오~ 친구 중에 노벨상 수상자가 나오는 건가!

농담하지 마.

대학 공부는 지금보다 훨씬 어려워질 거야.

하버드대학 물리학과 강의실

톰, 이번 학기에 어떤 과목을 수강할 거니?

역사나 철학, 문학 관련 수업을 들어 볼까 해.

그런 것에도 관심 있었어?

괜찮은 강의 없니?

친척 형이 그러는데, 라파엘 데모스라는 교수의 수업이 그렇게 유명하대.

아! 나도 들어본 적 있어. 그리스 철학 강의지? 재밌겠는데.

문학에 관심이 있다면 동아리에 가입하는 것도 좋을 거야.

아는 데 좀 있어?

시그닛 소사이어티라고 학부 문학회가 있어. 거기 함께 가입해 보자.

그거 좋겠다. 대학에 들어오면 문학 서클에 꼭 가입하고 싶었거든.

쿤은 하버드에서 첫 학기 동안 학부 문학회에서 열심히 활동했을 뿐만 아니라, 학교신문인 「크림슨」의 편집자로도 일했다.

첫 학기 성적은 잘 받았어?

철학 A, 문학은 B인데, 물리학이 C_0라….

철학	A
문학	B
물리학	C_0

음… 졸업하기에는 문제없는 점수군.

알려 줘서 고맙군.

전공 공부 좀 해, 톰. 이론물리학자가 되는 게 꿈이라며.

으휴….

교수님을 찾아가 보는 게 어때? 어떻게 공부해야 하는지 조언을 구해 봐. 나에게도 좀 알려 주고.

똑똑

교수님, 물리학 성적 때문에 고민이 있어서 왔습니다.

속성물리학에서 C_0를 받았는데, 이런 성적으로도 물리학자가 될 수 있을까요?

토머스 군, 이렇게 답해 주고 싶군요.

물리학자가 될 수도 있고, 되지 못할 수도 있어요.

네?

그건 자네가 하기 나름이니까.

네에.

당연한 말씀을…

지금 당장은 물리학자가 될 수 있는지 없는지 생각하기보다는 시험 공부를 열심히 해요.

실은 이번 학기에도 열심히 했습니다.

공부 방식이 잘못되었을 거예요.

보자….

이건 내가 학부생 시절에 공부하던 연습문제 풀이집이고,

툭-

이건 어떻게 문제를 풀지 고민했던 선배들의 노트예요.

줄 테니까 참고해 봐요.

예, 감사합니다.

예스! 이런 보물을.

이 공책에 나오는 대로 연습하다 보면 물리학에 익숙해지고 또 쉬워질 거예요.

아 네….

이건 예제이고

그 밑에는 유제들이 있네.

이것들을 응용한 것이 연습문제이고.

마치 이건 그것 같군.

단계가 있는 퍼즐풀이 같아. 1단계, 2단계, 3단계로 난이도를 계층화한 거야.

예제

유제

연습문제

쉬운 예제와 유제부터 풀면서 개념과 문제 풀이법을 완벽히 이해한 후, 연습문제를 푸는 거지.

교수님 말씀대로 이렇게 하면 전공 성적은 따놓은 당상이 되겠지?

쿤은 2학기에 그 과목에서 A를 받았다.

이쪽으로 가세요.

토머스.

응?

서로 인사해.
내 친구 글로리아야.

아, 안녕하세요?
토머스 쿤입니다.

며칠 뒤, 글로리아와 나는
뉴욕에서 데이트를 했다.

솔직히 전 여자와
데이트를 해본
적이 없어요.

괜찮아요.
누구에게나
처음은 있는
법이니까요.

그후로도 우리는 자주 만나서
즐거운 시간을 보냈다.

톰.

며칠 전에 뉴욕에서
네가 어떤 여자와 함께
있는 걸 봤다.

아, 여자친구
글로리아예요.

엄마가 보기엔
너에게 어울리는 사람이
아닌 것 같더구나.

예?!

어… 엄마.

………

엄마는 늘 이렇게 솔직하시다니까.

하하

다음 주에 뉴욕에서 칵테일 파티를 열 건데, 올래요? 내 친구들도 소개시켜 줄게요.

좋죠.

나는 단지
진리가 무엇인지
알고 싶을
뿐입니다!

뭐야?

사실 쿤은 그때 어떤 대화가 오고
갔는지 잘 기억하지 못했다.

자신도 모르게 버럭 소리를 지르고 말았는데,
상황은 수습이 불가능한 상태였다.
지금 생각해 보면, 평소 학문에 대해 갖고
있던 생각이 대화를 나누던 중 폭발적으로
표현된 것 같았다.

미안해요.

그후로도 쿤은 여러 번 글로리아를 만났지만,
그녀와 어떻게 헤어졌는지는 기억나지 않는다고 했다.

학생신문문사 「크림슨」 편집실

팡!

난 글쓰기에 소질이 없나 봐. 편집하는 데 백 년은 걸릴 것 같아요.

후후. 너무 스트레스 받지 마. 건강에 좋지 않아.

편집장님, 유럽에서 일어난 전쟁에 대해서 쓴 글이에요. 한번 봐 주세요.

그래. 유럽은 지금 전쟁 중이었지.

미국이 이번 전쟁에 뛰어드는 일은 시간문제인 것 같은데….

큰일 났어요!

왜 그래? 전쟁이라도 났어?

미국이 참전하기로 결정했대요.

뭐!!

………

1941년, 일본이 미국의 진주만을 폭격하자, 미국도 참전 결정을 내리지 않을 수 없었다.

미국은 일본에 전쟁을 선포한다!

정부는 전쟁에서 싸울 젊은이들을 대대적으로 모집했다.

조국은 당신들을 원합니다!!

폐강

이 수업이 왜 폐강됐지? 물리학과의 핵심 수업인데 말이야.

전시여서 물리학과가 없어진다는 말도 있어.

폐강

전쟁의 여파가 대학까지 덮친 거야.

결국 전쟁에 찬성할 수밖에 없겠지?

당연하지. 파시스트들에 맞서 세계의 평화와 민주주의를 지켜내야 하니까.

하지만 아직도 잘 모르겠어….

?

물리학과의 수업은 전쟁에 필요한 응용과학 분야로 대체되어 갔다.

척 응용 물리학

원자물리학은 무기를 개발하는 데, 전자기학은 전쟁용 통신수단을 개발하는 데 동원되었다.

WAR

전쟁에서 이기기 위해 모든 것이 파행적으로 운영되었던 것이다.

졸업하기 전에 철학과 문학 수업을 더 듣고 싶었는데, 이 과목들은 몽땅 폐강되었어.

대학에 대한 정부의 요구가 갈수록 심해지고 있는 거야.

어쩔 수 없네. 전자학 프로그램을 들어야겠다.

난 뭘 수강한다지?

1943년 초가을,
쿤은 불과 3년 만에 대학을 졸업하고,
전파측정연구소에서 일하게 되었다.

반 블렉*일세. 만나서 반갑군.

반갑습니다, 소장님.

잘 알고 왔을 테지만 이곳은 레이다 대항책을 연구하는 곳이네.

적의 레이다 전파를 교란하거나 방해하는 일을 말하지. 자네는 이에 필요한 이론적 공식을 만들어내면 될 걸세.

이걸 누르면 독일 레이다 상황실에 떠 있는 우리 비행기가 사라지지.

삐----

● **존 반 블렉 (John Hasbrouck Van Vleck, 1899~1980)** 미국의 물리학자이자 수학자로 1977년에 노벨상을 수상했다. 2차대전 시기에 군용 레이다 시스템을 연구했고, 이후 맨해튼 프로젝트에도 참여했다.

1944년

지긋지긋하군.

여기서 군 생활을 하게 될 줄이야….

여기서는 단지 관측 결과에 맞춰서 공식을 정교화하는 일만 할 뿐이라고. 이런 일은 정말 하고 싶지 않아.

좋게 생각하게. 전쟁 중에는 우리 같은 초보 물리학자들도 다 쓸 데가 있잖아.

내 자신이 한심해진단 말야.

힘내. 그래도 자넨 곧 영국에 있는 전진기지로 떠나잖아.

하긴, 그나마 다행이지. 거기서 내가 필요하다더군.

뭔가 흥미로운 일이 기다릴 것 같았어. 그래서 바로 간다고 했지.

난생 처음 외국에 나가는 거라네.

하하.

비행기를 처음 타지.

쿤은 영국으로 간 지 얼마 되지 않아 다시 프랑스로 파견되었다. 프랑스에서 독일군의 레이다 설비를 정탐하는 임무를 맡았다.

....

뭐야? 왜 그런 표정으로 보나?

에펠탑이군. 가까이서 보니 정말 엄청난데.

장교님, 어디까지 올라가야 되죠?

꼭대기까지. 사다리를 타고 가면 중간쯤에 엘리베이터가 설치되어 있어.

이런! 엘리베이터가 멈춰 있어요.

젠장!
이놈의 전쟁.

프랑스 렌의 잠수함 기지

저게 독일의
주요 레이다
설비야.
잘 봐 둬.

그런데 여기 너무
위험한 것 아닌가요?
독일군이 갑자기
나타날지도 모르고.

마주치기 전에 그만 여길
뜨지. 이따 다른 그룹과
합류하기로 했으니.

피융-

팟-

자세를 낮추고
어서 차에 타!

피융-

피융-

탕

타앙

끼이이이~

정말 죽을
뻔했어요.

아슬아슬했어.

부아아 앙~

잠시 쉬었다 가세.
자네도 운전하느라
피곤할 테니.

털 썩

네, 그럼 잠시만 눈을
붙이겠습니다.

대체 여기서 무얼 하고 있는 거지?

내가 하고 있는 일은 전쟁에 동원되는 과학 아닌가?

이 세계를 파멸로 몰고 갈 위험천만한 과학….

난 이 세계에 대한 근본적인 지식을 탐구하고 싶었어. 과학을 통해 진리에 도달하고 싶었다고.

지금 내가 하는 일은 단순한 계산뿐이야. 난 과학자라기보다는 노동자에 가까워.

내가 하고 싶은 과학이란 무엇이었단 말인가?

난 과연 과학자가 될 수 있을까?

오래지 않아 독일군은 프랑스에서 물러났다. 사람들은 국기를 흔들며 환호했다.

쿤은 사람들의 평화를 빼앗아 버린 것이 바로 자신일 수 있다는
생각 때문에 함께 기쁨을 나눌 수 없었다.

1945년 8월초, 미국은 일본의 히로시마와 나가사키에 원자폭탄을 투하했다.

8월 15일, 일본 히로히토 천황은 무조건 항복을 발표했다.

천황은 미군항 선상에서 항복문서에 서명했다.

패배한 독일의 히틀러는 자살했고

이탈리아의 무솔리니는 총살되었다.

2차대전은 1차대전을 훨씬 능가하는 처참한 결과와 교훈를 남긴 채 끝이 났다.

결국 연합군이 승리했지만, 전쟁 종식의 기쁨을 만끽할 새도 없이 소리 없는 전쟁이 재개되었다.

이 전쟁은 화염을 뿜어내지 않기에 차가운 전쟁, '냉전'이라 불렸다. 냉전은 세계를 공산주의 진영과 자본주의 진영으로 양분했다.

동유럽과 아시아의 여러 국가들은 공산주의를 선택했다. 그리고 소련은 이들을 하나로 묶어 종주국을 자처했다.

이에 대립하는 자본주의 진영은 미국을 필두로 공산진영의 팽창을 견제했다.

두 차례의 끔찍한 세계전쟁을 저지른 인류는 전쟁을 혐오했지만, 냉전시대의 평화는 진정한 평화가 아니었다.

2차대전 동안 과학이 개발한 각종 첨단무기들은 더 이상 쓸모가 없어졌다. 하지만 이것의 위력을 맛본 양 진영은 그것을 갖는 자가 냉전체제에서 주도권을 잡게 될 거라는 사실을 알아챘다.

미국과 소련은 말할 것도 없었고, 전 세계가 군비경쟁에 열을 올렸다.

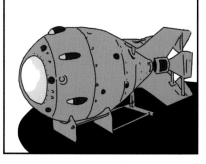

1945년, 하버드대학

드디어 학교로 돌아왔구나.

………

계속 물리학을 공부하고 싶지만, 과연 그게 좋은 학문일까 하는 의문이 든다.

도대체 과학이 하는 일이란 무엇일까? 원자폭탄 같은 대량 살상무기나 만들어내는 도구일 뿐이었다.

과학에 대해 좀더 깊은 성찰과 반성이 필요해. 하지만 그럴수록 난 과학자의 길을 포기해야 할 것만 같아.

휴~ 쓸데없는 생각은 그만해야겠어. 내 나이와 경력을 좀 고려해 보라고!

이런 늦겠군.

쿤은 전쟁을 겪으면서 과학자가 되는 것에 큰 회의를 느꼈지만, 결국 물리학과 대학원에 진학했다.

과학철학은
무엇인가?

과학철학은 무엇인가? 답은 간단하다. 과학에 대해서 철학적으로 생각하는 학문이다. 과학은 우리가 알고 있는 자연과학이다. 하지만 문제는 '철학적으로 생각하기'다. 어떻게 생각하는 것이 철학적으로 생각하는 것일까. 과학철학의 정체를 밝히기 위해서는 '철학이란 무엇인가'부터 풀어야 한다. 하지만 철학에 대해 장황하게 설명하고 싶지는 않다. 우리는 두 개의 과학철학을 살펴볼 것이다. 그중 하나는 내가 특히 좋아하는 정의법이다. 이 두 개의 과학철학을 살펴보면서, 철학적으로 생각하는 것이 무엇인지도 함께 엿보고자 한다.

먼저 첫 번째 과학철학이다. 과학은 무엇인가? 이 질문에 답하기 위해 우리는 지금 과학에서 이뤄지고 있는 연구방법들을 따져본다. 과학자들이 발견한 지식은 어떤 것이며 어떻게 연구하고 있는지, 과학적 지식에는 어떤 난점이 있고 어떻게 이를 해결할 수 있는지, 이로부터 과학이 무엇인지 답을 내린다. 즉 지금의 과학을 위해 개념과 연구방법을 정당화하고, 밝혀진 지식들이 파편화되지 않도록 정리하고 체계를 부여하는 것이다. 지금 과학에 정당성과 체계를 부여하는 것이 첫 번째 과학철학이다.

이제 두 번째 과학철학이다. 이것은 과학 자체를 사유함으로써 과학의 경계를 열어젖히는 일이다. 과학 활동은 과학자들이 이미 알고 있는 '과학'이라는 정의와 경계 안에서 이루어진다. 그렇기 때문에 과학자들은 기존의 과학 활동을 반복할 수밖에 없다. 과학철학은 '과학이란 무엇인가'의 문제를 새롭게 제기하면서, 과학의 비전을 실제 과학 활동에 앞서서 구축한다. 기존의 과학 활동을 뒤에서 정당화시키는 것에 그치지 않고, 미리 앞서서 과학의 경계를 넘어서 미래의 과학을 사유토록 만드는 것이다. 물론 이 두 가지의 과학철학은 구체적인 연구에서 함께 일어나며 상당히 겹치기도 한다. 하지만 작은 차이가 거대한 전환으로 이어지기에, 두 개의 과학철학으로 분리해서 이해할 필요가 있다.(내가 어느 쪽을 좋아하는지는 이미 눈치챘으리라 짐작한다.)

과학철학의 흐름은 크게 토머스 쿤을 기준으로 '쿤 이전'과 '쿤 이후'로 나뉜다. 쿤 이전의 과학철학은 분석적 과학철학으로서, 빈 학파의 논리실증주의와 함께 시작되었다. 이들은 지식을 생산하는 가장 중요한 방법으로서 과학적 방법을 인정했으며, 과학의 성격을 밝히고 정당성을 확보하기 위해 노력했다. 과학은 실험과 관찰 같은 객관적이고 합리적인 방법을 사용하고 객관적 사실을 밝혀낸다. 개념을 분석하고 과학 활동에 논리적 체계를 부여하려는 시도를 이어 왔다. 그러나 이는 과학자들이 실제로 연구해 오던 방식이기보다는 과학자들이 해야만 하는 규범적 기준인 경우가 많았으며, 그 때문에 과학 활동에서 실제 일어나고 있는 일들을 등한시한다는 비판이 일었다.

1962년 쿤이 『구조』를 발간한 이후, 실제 과학사를 연구하는 역사적 접근법이 부상하게 된다. 논리적 체계를 구축하는 기존 작업과는 달리 쿤은 과학이 갖는 역사성에 주목했다. 그 결과 과학적 지식이 언제나 동일한 방법과 절차, 세계관에 의해 형성된 것이 아니라 시대마다 상이한 방법과 절차, 세계관에 의해 단절적으로 변화해 왔음을 밝혔다. 쿤은 이러한 변화 속에서 하나의 보편적 구조를 발견하기 위해 시도했고, 그 결과 『구조』를 발표하게 되었다. 그러므로 쿤은 과학사학자이자 과학철학자이다. 과학에 대한 역사적 접근과 과학의 비전을 제시하는 철학적 접근을 함께 시도했기 때문이다. 쿤은 과학사를 연구했지만 그것은 기존의 과학 활동을 정당화하기 위한 작업이 아니었다. 17세기 과학혁명과 양자역학의 혁명을 다루면서, 과학혁명의 구조를 연구했다. 이것이

새로운 과학을 꿈꾸는 이들에게 큰 영향을 미쳤다. 이후 생겨난 다양한 과학철학의 흐름이 쿤에게 빚지고 있는 것은 이 때문이다.

철학은 우리가 얼마나 멀리, 얼마나 다르게 사유할 수 있는지를 시험하는 활동이다. 우리에게 과학철학이 필요하다면 그것은 과학의 미래를 사유하기 위해서다. 우리가 '과학'이라고 생각해 왔던 경계지점에서 과학이 얼마나 더 멀리 나갈 수 있는지, 새로운 과학은 어떻게 가능한지 물어야 한다. 과학 자체가 어떤 방식으로 지식을 생산하는가, 과학적 지식이 우리에게 어떤 의미가 있는가를 묻는 작업이 '과학철학'이며, 우리에게 필요한 과학철학인 것이다.

3

아리스토텔레스의
과학

1947년

과학은 발전을 멈추지 않고 전진해 왔습니다.

그에 힘입어 세상은 진보했으며 과학의 역할은 점점 더 커질 것입니다. 그것을 예측하는 일은 어렵지 않습니다.

바로 눈앞에서 벌어지고 있으니까요.

두 차례의 전쟁을 치르면서 사람들은 한 나라의 힘은 과학기술에 의해 좌우된다는 것을 깨닫게 되었다.

그 때문에 과학발전의 당위성을 대중에게 선전하는 일이 중요해졌다.

하버드대학 총장실

'하버드 교양교육 위원회'를 제안합니다.

간단히 말해 이곳은 인문학도를 위한 교양과학 교육의 중심기관이 될 것입니다.

앞으로 미국을 이끌 인재들은 과학에 대해서도 잘 알아야 합니다.

위원회가 할 일은 장차 미국을 이끌어 갈 하버드의 인문학도들에게 과학적 소양을 갖추게 하는 것이죠.

그들이 대학에서 받는 과학 교육을 통해 과학의 중요성을 깨닫고 과학에 우호적인 입장을 갖게 된다면, 장차 정부의 행정가가 되었을 때 과학 정책을 원활히 수립하고 수행하게 될 것입니다.

코넌트 총장님의 제안에 전적으로 동의합니다.

저도 그렇습니다. 지금 미국뿐만 아니라 세계적인 추세를 보십시오.

과학의 위상과 역할은 향후 더욱 높아질 것이 분명한데, 하버드가 이를 선도해야 함은 당연하겠죠.

그럼, 이로써 '하버드 교양교육 위원회'가 발족되었음을 선포합니다.

또한 이 중대한 프로젝트의 총책임자로서 여러 학장님들과 교수님들의 적극적인 협조를 요청드립니다.

제임스 코넌트
(James Bryant Conant, 1893~1978)

그는 쿤의 인생과 미국 사회에 중요한 변화를 일으킨 인물이다.

화학자로서 훌륭한 성과를 냈으며, 동시에 교육자로서도 유명했다.

검인!

특히 하버드 총장으로 있을 당시, 상류층 자녀들만 입학하는 관행을 깨고 계층이나 인종에 관계 없이 우수한 학생들을 선발했다.

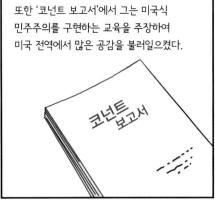

또한 '코넌트 보고서'에서 그는 미국식 민주주의를 구현하는 교육을 주장하여 미국 전역에서 많은 공감을 불러일으켰다.

코넌트 보고서

제2차 세계대전 중에는 국방연구위원회 소속으로, 원자폭탄을 제조하는 맨해튼 프로젝트를 총관리했다.

원폭 투하 결정에도 중요한 역할을 했는데, 전후에는 비판을 두려워해 자신의 결정에 우호적인 여론이 조성되도록 힘쓰기도 했다.

TIME

이로써 보건대, 코넌트는 미국식 가치를 대변한 인물이었다. 그가 기초과학 교육을 중시한 것도 세계에서 미국의 입지를 강화하려는 데 있었다.

하버드대학 총장실

음…

어떤 교수가 이 프로젝트에 적임자일까?

인문학과 교수들은 과학을 모르고, 자연과학 교수들은 인문학적 소양이 없고. 다들 자기 분야 전문가니 원….

아무래도 각 학과에 전달하고 협조를 요청해야겠어.

물리학과 학장실

뚝뚝

학장님, 저 왔습니다.

토머스! 어서 오게.

총장실에서 보고서가 하나 왔네.

총장님 주도로 진행되고 있는 프로젝트에 관한 보고서야.

인문학도를 위한 과학교양 교육 말씀이군요?

맞아. 자네가 좀 검토해 주었으면 좋겠네.

제가 어떻게 이걸…?

자넨 학부생 때 우리 학보 「크림슨」의 편집장도 지내지 않았나. 또 시그닛 소사이어티 회장도 맡았고. 능력을 좀 발휘해 보게나.

학장실

인문학도를 위한 과학교양 교육이라….

총장실

……

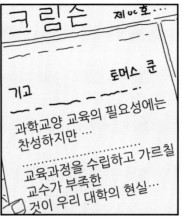

크림슨 제00호…

기고 _____ 토머스 쿤

과학교양 교육의 필요성에는 찬성하지만 …

교육과정을 수립하고 가르칠 교수가 부족한 것이 우리 대학의 현실…

토머스 쿤? 위원회 프로젝트의 의의와 한계를 잘 이해하고 있군.

물리학과를 나왔고 지금은 박사과정에 있습니다. 학부 시절에 자연계생으로는 드물게 「크림슨」의 편집장을 지냈죠.

그런가? 그를 한번 만나 봐야겠네.

또 학부 문학회인 시그닛 소사이어티의 회장입니다. 그 모임에서는 철학과 문학을 공부한다고 들었습니다. 한마디로 과학과 인문학 소양을 두루 갖춘 사람이죠.

내가 계속 물리학을 공부할 수 있을까? 과학을 계속하면 위대한 업적을 이룰 수 있을까? 노벨상 정도는 받아야….

토머스! 역시 여기 있었군.

계속 물리학과에 있었는데, 전공을 바꾸기는 힘들겠지?

예전부터 철학을 공부하고 싶었는데… 철학 수업을 듣는 것에 만족해야 할까?

톰!

헉!

무슨 생각을 그렇게 골똘히 해? 총장님께 가 봐. 널 찾으셔.

총장님이!?

무슨 일로?

가 보기나 해. 총장님이 연애 상담 같은 거나 하자고 부르시겠어?

만나 뵙게 되어서 영광입니다.

자네가 「크림슨」에 쓴 글을 잘 보았네.

전직 편집장답게 글을 잘 썼더군.

과찬입니다.

논평 기사 내용에 동의하네.

특히 그러한 교육을 담당할 재원이 턱없이 부족하다는 지적은 우리 학교의 현 상황에 대한 정확한 분석이라고 생각하네.

실은 물리학과 학장님으로부터 보고서를 받고 검토를 해보았습니다.

학부생 때 겪은 제 경험과 고민도 반영되어 있고요.

그랬군. 그럼 내가 제안을 하기가 더욱 수월하겠어.

네? 무슨 뜻인지요?

이번 프로젝트는 전례가 없던 시험적인 시도라네. 그러니 유경험자가 없는 건 당연한 일이지.

이참에 쿤 군이 과학교양 과목을 맡아서 가르쳐 보면 어떻겠나?

네엣!

부담을 갖지는 말게나. 어차피 새로운 시도니까 수업을 일단 맡고 프로젝트에 대한 조언도 아끼지 말았으면 하네.

충장님, 저는 아직 박사과정을 마치지도 않았고 평범한 물리학도일 뿐입니다.

나는 자네가 과학교양 과목을 가르칠 만큼 충분한 역량을 갖췄다고 보네.

그동안 철학과 문학을 비롯한 다양한 인문학 소양을 쌓아 온 걸로 알고 있네.

또한 「크림슨」의 편집장도 지냈지.

'과학의 이해' (on understanding science)라는 수업을 개설하려고 하니, 거기서 과학사를 가르쳐 주게나.

과학사라고요? 저는 역사는 전혀….

그런가? 음…

그럼 이러면 어떻겠나?

물리학의 역사를 연구해서 수업해 주게.

고대의 자연철학부터 시작해서
아리스토텔레스의 자연학, 그리고

천동설을 주장한 코페르니쿠스,
갈릴레이, 뉴턴, 보일까지 물리학에도
긴 역사가 있지 않겠나?

이들을 연구하면
굉장히 흥미로울 것
같습니다.

앞으로 철학을 하고
싶다면 분명 도움이 될 만한
연구임에 틀림없어요.

총장님
생각이 정
그러시다면…

한번
해보겠습니다.

1948년 여름

쿵

아리스토텔레스의 자연학을
연구해 볼 차례군.

어마어마한 저작을 남긴
그에 대해 난 너무 무지해.

물, 불, 흙, 공기 같은 자연물의 기본요소들의 전형적인 위치이동은 장소란 (빈 공간이 아니라) 어떤 무엇이며(something), 어떤 영향력을 가한다는 것을 보여 주고 있다.

물체 각각은 그것 자신만의 장소로 옮겨진다.

이게 도대체 무슨 말이냐고?

아리스토텔레스의 이념들을 도무지 이해할 수 없어! '물체마다 자신의 장소가 있다.'

물체 각각의 본성에 어울리는 장소가 있다는 뜻인데….

도대체 이런 황당한 이야기를 왜 하는 거지?

우리에게 공간이란 말 그대로 아무것도 없는 그런 곳이야.

물체가 점유하고 있는 곳이 공간이고,

그 물체를 다른 곳으로 옮기면, 그 물체가 있던 바로 그 자리에 공간이 생기지.

이런 공간은 어떤 물체를 위해 존재하지 않아.

공간은 단순히 물체들이 운동하는 무대로 존재하는 것 아닌가?

톰, 전화 받아.

아! 선생님, 오랜만입니다. 상담하시느라 바쁘실 텐데 어쩐 일이세요?

어쩐 일은. 그냥 요새는 좀 괜찮나 해서 연락해 봤지.*

예. 선생님 덕분에 잘 지내고 있습니다.

다행이네. 헌데, 공부는 잘되어 가나? 요즘은 무슨 공부를 하고 있지?

그게… 아리스토텔레스의 자연학을 공부하고 있어요.

전공이 원래 물리학이 아니었나? 왜 갑자기 구닥다리 과학을 공부하고 있지?

어쩌다 보니 그렇게 되었네요.

아리스토텔레스를 공부한다니, 과학의 역사라도 연구하는 겐가?

● 쿤은 정신분석의로부터 치료를 받은 적이 있다.

맞아요, 선생님. 그런데 도무지 아리스토텔레스를 이해할 수가 없어요.

그의 자연학은 이상한 말들로 가득 차 있어요.

이해해. 그럴 만도 하지. 헌데 말이야…

멈칫

그건 혹시 자네가 아리스토텔레스를 이해하려는 노력을 덜 해서 그런 건 아닐까?

무슨 말씀인지…?

처음에 그들이 하는 말을 들으면, 도대체 무슨 말을 하는지 이해할 수가 없어.

그럴 때 나는 환자의 입장에서 그의 말을 이해해 보려고 노력한다네.

자네와 비슷한 상황인지는 모르겠지만, 내가 직업상 정신장애를 겪는 사람을 많이 만난다는 건 잘 알겠지.

종종 나는 환자의 머릿속으로 들어가는 체험을 하지.

치료가 계속 될수록 차츰 그동안 이해하지 못했던 환자의 말을 이해할 수 있게 돼.

이거다!

내 정신분석학적 경험이 자네가 아리스토텔레스를 연구하는 데 도움이 될는지 모르겠군.

아닙니다. 선생님, 고마워요.

아리스토텔레스가 되어 보는 거야. 그리고 그것을 충실히 믿었던 중세인이 되어 보는 거야.

그러면 그의 운동 이론이 한심하게 보이지 않을지도 몰라.

그가 기원전 4세기 인물이었던가? 지금으로부터 2000년 전 사람이잖아.

빤히~   뭐?

그때 사람들은 운동과 공간에 대해 어떻게 사유했을까?

아하! 바로 그거야.

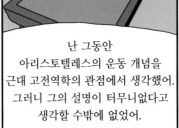

난 그동안 아리스토텔레스의 운동 개념을 근대 고전역학의 관점에서 생각했어. 그러니 그의 설명이 터무니없다고 생각할 수밖에 없었어.

하지만, 내가 터무니없다고 생각한 물체의 운동에 대한 설명은 아리스토텔레스 자연학 체계 안에서는 매우 합리적이고 정합적이야.

그의 체계에서 운동이란 단순히 위치이동만을 의미하지 않아.

그에게 운동이란 그 이상의 의미를 가진 거야. 내가 생각하는 운동보다 더 포괄적인 운동을 말하고 있어.

며칠 후, 하버드대학 강의실

여러분, 다들 아리스토텔레스의 자연학은 잘 읽어 왔겠지요?

잘 읽히던가요?

그는 말도 안 되는 궤변을 늘어놓고 있습니다.

물체마다 자신의 장소가 있고, 그 장소로부터 멀리 떨어진 물체는 그 장소로 가려고 한다니요.

특히 운동 개념은 말도 안 됩니다.

그렇다면 어떤 장소는 물체를 애타게 부르고, 그에 응답해서 그 물체는 그 장소로 열심히 달려간다는 말인가요?

저도 처음에는 그렇게 생각했습니다. 왜 아리스토텔레스는 이리도 멍청한 설명을 하고 있을까 말이죠.

하지만 고대인들의 공간을 우리에게 익숙한 뉴턴식의 공간 개념으로 이해하려고 해선 안 됩니다.

아리스토텔레스가 살던 시대에는 우리가 터무니없다고 생각하는 공간 속에서 모든 사람들이 살고 있었습니다.

그 시대의 자연학 체계 속에 그 운동이론을 넣어 보면 그게 그렇게 바보스럽게 보이지 않을 거라는 말입니다.

아리스토텔레스는 운동에 언제나 목적이 있다고 보았습니다.

그 목적이란 자신의 본성을 실현하는 것입니다.

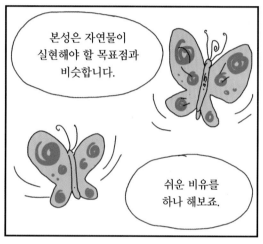

본성은 자연물이 실현해야 할 목표점과 비슷합니다.

쉬운 비유를 하나 해보죠.

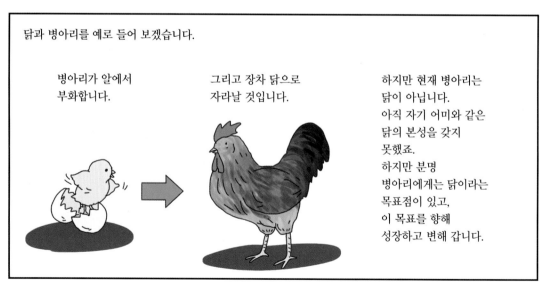

닭과 병아리를 예로 들어 보겠습니다.

병아리가 알에서 부화합니다.

그리고 장차 닭으로 자라날 것입니다.

하지만 현재 병아리는 닭이 아닙니다. 아직 자기 어미와 같은 닭의 본성을 갖지 못했죠. 하지만 분명 병아리에게는 닭이라는 목표점이 있고, 이 목표를 향해 성장하고 변해 갑니다.

이렇게 병아리에서 닭으로의 성장 과정을 아리스토텔레스는 운동이라고 말합니다.

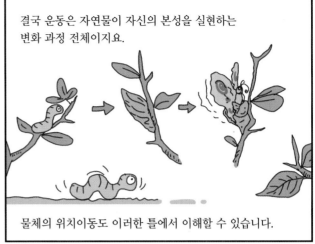

결국 운동은 자연물이 자신의 본성을 실현하는 변화 과정 전체이지요.

물체의 위치이동도 이러한 틀에서 이해할 수 있습니다.

웅성 웅성

그는 지상의 모든 물체가 4요소 (불, 공기, 물, 흙)로 이루어진 혼합물이라고 생각했죠.

아리스토텔레스에게 우주란 코스모스(cosmos), 즉 질서 잡힌 세계를 의미했습니다.

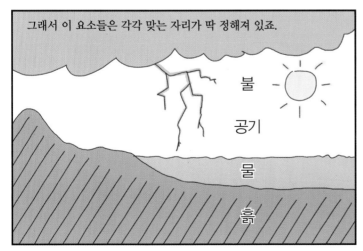

그래서 이 요소들은 각각 맞는 자리가 딱 정해져 있죠.

불

공기

물

흙

물체는 이 요소의 혼합비율에 따라 각기 다른 본성을 갖고, 또 있어야 할 장소가 정해지는 것이죠.

………

즉 어떤 물체에서 가장 많은 비율을 차지하는 요소가 그 물체가 있어야 할 장소를 결정한다는 것이죠.

사과가 아래로 떨어지는 건, 그것을 이루는 요소 중 흙의 성분이 가장 많기 때문입니다.

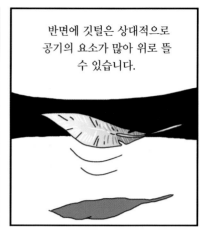

반면에 깃털은 상대적으로 공기의 요소가 많아 위로 뜰 수 있습니다.

그래서 아리스토텔레스는 물체는 그 본성에 따라 있어야 할 장소로 이동한다고 말하는 것입니다.

만약 물체가 자기 본성과 맞지 않는 곳에 있다면, 그것은 자기의 본성에 맞는 자리로 가려고 노력할 것입니다.

이제 장소를 봅시다.

아리스토텔레스의 잘 정돈된 우주(코스모스)에는 만물이 각기 제자리를 찾아가도록 만드는 어떤 조화의 힘이 존재합니다.

이런 우주 속에서 장소는 제자리에 있지 않은 물체(무질서)를 제자리(질서)로 되돌리는 힘을 줍니다.

쑤욱

이제 아리스토텔레스의 운동 이론이 이해되나요?

물체가 본성에 따라 자신의 자리로 가는 과정, 즉 자기 본성을 실현하는 과정이 물체의 운동이라는 말이죠?

우리는 물체의 위치이동만을 운동이라고 파악하지만, 그는 이와는 질적으로 다른 운동을 생각하고 있었던 것이군요.

훌륭해요.

요컨대, 아리스토텔레스는 물체의 운동을 자신의 체계 안에서 매우 정합적으로 정의하고, 또 설명하고 있는 겁니다.

교수님의 설명을 듣고 나서 생각해 보니, 터무니없는 이론이라는 처음 제 생각은 버릴 수 있게 되었어요. 그렇긴 해도 고대인의 세계관을 모른다면 절대로 납득하지 못할 것 같아요.

저는 사실 이런 결론에 다다랐습니다.

아리스토텔레스는 그가 기술하는 나름대로 합리적인 세계에 살아가고 있고, 그 세계를 합리적으로 그리고 있었다.

우리가 고전역학의 세계가 합리적이라고 생각하는 것과 다를 바가 하나도 없어요.

두 이론 모두 합리적이라면, 도대체 무엇이 옳은 건가요?

좋은 지적입니다.

저는 그 질문에 대해 다시 이렇게 질문해 보겠습니다.

이들 중 어떤 것이 옳다고 평가할 만한 기준이라는 게 존재할까요?

?!

쿤은 훗날 서로 다른 이론들을 하나의 동일한 기준에서 비교할 수 없다는 '공약불가능성'(incommensurability) 이라는 개념을 사용하게 된다.

이 둘을 심판할 절대적 심판관은 이 세상 어디에도 존재하지 않습니다.

우리가 고전역학의 입장에서 생각했을 때, 아리스토텔레스의 설명은 바보스럽게 생각되고,

반대로, 아리스토텔레스의 입장에서 생각하면, 고전역학은 매우 허술한 이론이 되어 버립니다.

현대과학의 관점에서 아리스토텔레스의 개념을 이해하고, 그것을 틀리다고 판단하는 것은 현대인의 오만입니다.

이건 바로 승리자의 견해대로 역사를 마구 왜곡하는 잘못된 역사관이 아닐까요?

쿤은 과거의 이론들이 폐기되었다는 이유만으로 그 이론들을 비합리적인 것으로 단정할 수 없다고 주장했다.

전 아리스토텔레스의 역학과 17세기의 근대역학을 공부하면서, 이들 사이에는 큰 단절이 있음을 알게 되었습니다.

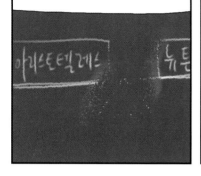

보통 과학은 지식이 점점 축적되고, 오류들이 수정되면서 점진적이고 누적적으로 발전한다고 봅니다.

과학사에서 이런 커다란 단절은 우리가 기존에 가지고 있던 과학의 이미지와는 배치됩니다.

하지만 저는 과학의 발전이 그처럼 연속적인 양상으로 진행했다고 생각하지 않습니다.

과학의 역사를 넓게 조망해 보면 그건 오히려 단속적인 양상을 보입니다. 마치 계단을 오르는 것과 같죠.

아리스토텔레스의 과학에 기존의 연구 결과가 더해져서 뉴턴 과학이 된 것이 아닙니다.

근대의 과학은 이전 시대의 과학과 단절하면서 등장했습니다.

근대과학을 고대과학의 연속선상에서 생각할 수 없어요.

이들 사이에는 커다란 개념적 틀의 변혁이 있었습니다.

일리가 있어….

저 교수는 미쳤어….

하지만 그럴싸한걸.

훗날 쿤은 중세과학과 근대과학의 개념적 틀 사이의 커다란 변혁을 패러다임 전환(paradigm shift)이라 명명한다.

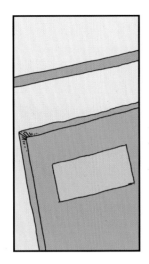

쿤 교수, 수업이
인기가 대단하더군요.

아, 예…

내 제안을
받아들이길 잘했지요?

네? 하하.
결과적으로
그렇게
되었습니다.

좋은 소식을
알려 주려고 불렀어요.

쿤 교수님,
펠로 소사이어티*의
주니어 회원이 된 것을
축하해요.

예?!

펠로
소사이어티라면…

맞아요. 연구자가 3년간 마음껏
연구할 수 있도록 연구비를
지원해 주는 프로그램이죠.

물리학과 박사 논문도
마무리짓고,
그동안 못 읽었던 책도
많이 읽어 두세요.

예.

● **하버드 펠로 소사이어티**(Harvard Society of Fellows) 이 프로그램은 1933년 하버드대 총장을 지낸 로렌스 로웰에 의해 시작되었다. 학제간
　장벽을 허물고, 우수한 연구자들을 지원하기 위해 만들어졌다.

82

1948~1951년 동안 쿤은 펠로 소사이어티의 연구비가 지원된 덕분에 연구주제에 집중하면서 박사학위 논문에 매진할 수 있었다.

딩동.

캐서린!

정확한 타이밍이에요.
글쓰기가 너무 힘들었거든요.
생각이 계속 꼬여 있는 것
같아요.

어서 와요.
나의 연인.

쪽-

호호,
응원하러 왔어요.

그럼 강의처럼 말을 해보세요.
제가 타이핑을 할게요. 그러면
훨씬 편할 거예요.

음음, 그럼
이번 시간에는…

양자결손에 대해 강의하겠습니다.

큭큭.

거기 학생, 조용히 해주세요.

네! 교수님.

양자결손이라는 것은…

…원자 스펙트럼 계열에서…

수소 원자의 그것과 다르기 때문에…

드디어 완성했어요!

캐서린, 당신 덕분이에요.

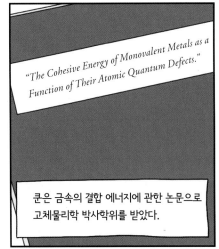

"The Cohesive Energy of Monovalent Metals as a Function of Their Atomic Quantum Defects."

쿤은 금속의 결합 에너지에 관한 논문으로 고체물리학 박사학위를 받았다.

박사학위를 받고 9일 뒤인 1948년 11월 27일에는 사랑스런 여인 캐서린과 결혼했다.

● **가스통 바슐라르**(Gaston Bachelard, 1884~1962) 프랑스 철학자로 시와 과학철학 분야를 공부했다. 그는 과학이 불연속적으로 발전한다는 생각을 '인식론적 단절'이라는 개념으로 설명했다. 쿤은 이 개념에서 영감을 얻어 패러다임 전환(paradigm shift)을 제시했다.

캐서린 무스(Kathryn Muhs)는 1923년 펜실베이니아주 레딩에서 태어났다. 당시 명문 여대로 이름난 배서대학을 졸업한 신여성이었다. 그녀는 언제나 쿤의 연구를 지지하고 용기를 주었다.

쿤과 캐서린은 세 아이를 낳았는데, 새러(1952), 엘리자베스(1954), 너새니얼(1958)이었다.

1951년, 쿤은 아내 캐서린과 함께 영국과 프랑스 여행을 떠났다.

이번 유럽 방문에선 바슐라르°교수를 만난다고 했나요?

그래요. 코이레° 교수가 소개장도 써 줬어요.

우리 시대의 '소크라테스'라 불리는 분이죠.

근데 바슐라르 교수는 어떤 분이죠?

……

• **알렉상드르 코이레**(Alexandre Koyré, 1892~1964) 러시아 출신의 프랑스 철학자. 과학사와 과학철학에 대한 탁월한 연구로 유명하다. '과학혁명'이란 용어를 처음으로 사용하고 일반화시켰다. 쿤은 코이레에게서 지대한 영향을 받았다. 쿤은 「알렉상드르 코이레와 과학사」에서 코이레 이후의 연구는 그를 모방하기 위한 경쟁이라고 표현할 정도로 그의 학문적 성취를 높이 평가했다. 주저로는 「갈릴레이 연구」가 있다.

프랑스의 저명한 과학철학자예요.

과학혁명에 대한 그분 책들을 보고 감동받았던 기억이 나요.

게다가 시학에 대해서도 일가견이 있지요.

정말 매력적인 분이네요. 빨리 만나 보고 싶어요.

프랑스, 소르본대학®

반가워요, 쿤 교수.

영광입니다, 바슐라르 교수님.

쿤 교수는 과학사를 연구한다고 들었습니다.

예, 그렇습니다.

같은 공부를 하고 있는 사람을 만나서 반갑습니다. 근래에는 어떤 연구를 하셨습니까?

아리스토텔레스의 자연학과 코페르니쿠스의 천문학 혁명을 연구하는 중입니다.

● **소르본 대학** 13세기에 작은 신학교로 시작되어 16~17세기를 거치면서 크게 성장했다. 1789년 프랑스대혁명으로 폐교되었다가, 파리대학 신학부와 통합되면서 신학부 전체를 대표하는 지위에 올랐다. 하지만 68혁명을 전후하여 파리대학 개혁운동이 시작되었다. 거대한 파리대학은 해체, 재편되면서 파리 제1대학부터 제13대학이 탄생하고, 권위의 상징인 소르본이란 이름은 영영 사라졌다.

두 시대의 과학은 모두 합리적이었습니다.

하지만 이들 사이에는 단절이 가로놓여 있습니다. 비유하자면, 혁명 같은 것이죠.

혁명이라고요? 그 말이 맘에 드네요. 저도 쿤 교수의 말에 동감합니다.

대부분의 사람들은 과학사를 연속적으로 봅니다.

아리스토텔레스의 자연학에서 점점 발전해서 갈릴레이, 케플러, 뉴턴을 거쳐 근대 천문학이 성립되었다는 식이지요.

현대에 이르러서는 아인슈타인의 상대성이론으로 발전되었다고 하지요.

그러나 제가 보기에 이들 사이에는 단절이 있었습니다.

새로운 이론은 낡은 이론을 이어받지 않았어요.

아리스토텔레스의 개념과 뉴턴의 개념, 아인슈타인의 개념은 그 의미가 제각각 다 다릅니다.

예를 들어 뉴턴의 질량은 불변합니다.

하지만 아인슈타인의 질량은 불변하는 절대적인 것이 아니지요.

에너지 질량 등가법칙 $E=mc^2$에 의하면, 물체의 질량은 에너지로 변환될 수도 있습니다.

새로운 이론은 새로운 틀 안에서 개념의 의미를 바꾸면서 낡은 이론을 통합합니다.

네, 맞습니다. 저도 선생님의 『새로운 과학정신』˚을 읽어 본 적 있습니다.

과학이론의 발전에 단절이 있다는 선생님의 의견을 지지합니다.

절 지지하시다니 든든하기까지 하네요, 허허.

미국에 돌아가는 즉시 제 생각을 정리해 보려고 합니다. 하루라도 빨리요.

좋은 책이 나오면, 저에게도 꼭 보내 주세요.

유럽에서 돌아온 쿤은 '로웰 강의'로 알려진 여덟 차례의 연속 강의를 진행했다.

이는 구겐하임 펠로십˚의 인재들이 전통적으로 진행하는 대중 강의였다. 쿤은 이 강의를 하면서 자신이 공부한 과학사를 바탕으로 철학적 원고를 쓰려고 계획했다.

- 『새로운 과학정신』(Le nouvel esprit scientifique, 1934)
- **구겐하임 펠로십**(Guggenheim Fellowship) 미국의 '존 사이먼 구겐하임 기념재단'에서 지원하는 장학금으로, 1925년부터 뛰어난 연구자들에게 수여되고 있다.

쿤은 과학사를 통해 철학적 함의를 이끌어내려고 노력했지만, 1956년까지 과학사 연구에 줄곧 매달려야 했다.

그 결과로 1956년 『코페르니쿠스 혁명』이 출간되었다.

『코페르니쿠스 혁명』은 그가 과학사에 매진한 끝에 내놓은 훌륭한 결과였다.

쿤은 이 책에서 코페르니쿠스에 의해 촉발된 '천동설에서 지동설로의 변화'를 다룬다.

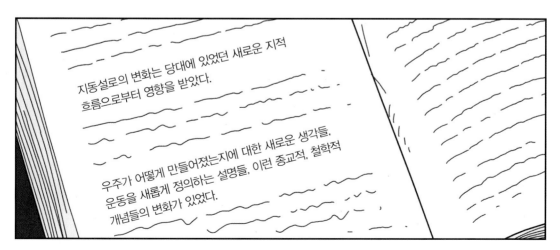

지동설로의 변화는 당대에 있었던 새로운 지적 흐름으로부터 영향을 받았다.

우주가 어떻게 만들어졌는지에 대한 새로운 생각들, 운동을 새롭게 정의하는 설명들, 이런 종교적, 철학적 개념들의 변화가 있었다.

"태양을 신으로 여기던 고대 신비주의 철학의 부활"

"낡은 중세적 세계관에 대한 반발"

"유럽인들의 세계를 확장시켜 준 대서양 항해"

이 모든 것들이 코페르니쿠스 혁명에 포함되어 있었다.

코페르니쿠스 혁명은 단지 과학 내부에서 일어난 변혁이 아니라, 과학 외부에서 복수의 혁명들이 함께 이뤄낸 결과라는 것이 쿤의 결론이었다.

그는 코페르니쿠스 혁명을 코페르니쿠스 시대의 철학적, 역사적 맥락 속에서 파악했다.

과학의 역사에 대한 새로운 시각은 아리스토텔레스를 공부하면서 얻었던 한여름 밤의 계시와도 같았던 경험에서 비롯되었다.

4

낯선 마주침,
사회과학자들
속으로

1955년(추정)

예, 알겠습니다.

딸깍

여기도 어렵다네요. 휴… 하버드 교수 임용에 떨어지고나서 계속 실패하는군.

벌써 몇 번째인지 모르겠어요. 앞으로 계속 과학 연구를 할 수 있을까요?

힘내요, 톰.

따르릉

여보세요?

토머스? 이보게 나야, 무슨 일 있는 거야? 목소리가 왜 그래?

아닙니다. 페퍼* 선생님. 무슨 일이신가요?

자네에게 기쁜 소식을 알려 주려고. 이번에 우리 버클리* 철학과에서 과학사를 가르칠 사람을 찾고 있어서 자네를 추천했어.

학교에서도 자네의 이력을 보고 적임자라고 판단했네. 버클리로 옮길 준비를 하게나.

● **스티븐 페퍼**(Stephen Pepper, 1891~1972) 논리실증주의를 비판한 『세계 가설』(World Hypotheses, 1942)을 썼으며 버클리 철학과 학장을 역임했다. 쿤이 하버드 기숙사(Kirkland house)에 있을 때, 쿤의 튜터로서 인연을 맺었다.

● 흔히 버클리라고 불리는 대학은 UC버클리(University of California, Berkeley)를 가리킨다. 캘리포니아대학은 주 안의 11개 도시에 캠퍼스를 하나씩 두고 있다. UCLA는 로스앤젤레스에 있는 캘리포니아대학이다.

며칠 뒤, 캘리포니아주 버클리대학

쿤 박사의 연구에 큰 감명을 받았어요. 우리 대학에는 박사 같은 과학사학자가 꼭 필요합니다.

감사합니다. 하지만 저는 제가 과학사학자가 아니라, 과학철학자라고 생각합니다.

흠, 그렇다면 왜 과학사 교수직 제안을 받아들이셨습니까?

제 관심은 늘 철학에 있었습니다. '과학의 본질이란 무엇인가?' 란 질문이 제 머리에서 떠난 적이 없었죠.

하지만 과학의 역사를 알지 못하고는 그 질문에 답할 수 없었습니다. 그래서…

현재 저는 과학사를 바탕으로 한 과학철학을 공부하고 있습니다. 저는 이를 역사주의적 과학철학*이라 부르고 싶습니다.

잘 알겠습니다. 그럼 역사와 철학을 같이 가르치면 되지 않겠습니까?

고맙습니다.

토머스, 더 잘되었었네. 축하하네.

1956년, 쿤은 버클리대학에서 역사학과와 철학과에 공통으로 소속되어 새 출발을 하게 되었다.

"과학사"

오늘 첫 시간이지요? 혹시 과학사에 대해서 들어본 학생이 있나요?

예상대로군요. 과학사 혹은 과학철학은 아직 신생 학문이라 생소할 것입니다.

"과학사"

첫 강의이니 가벼운 내용으로 출발해 볼까요?

20세기는 과학의 시대라고 할 수 있죠. 과학이 다른 분야들을 견인하는 양상이지요. 제가 어렸을 때, 미국은 과학이 모든 것을 이뤄 주리라는 희망에 차 있었죠.

● **역사주의적 과학철학** 쿤은 논리실증주의자들의 과학철학이 과학을 지나치게 이상화시켰다고 비판한다. 쿤이 보기에 그들은 과학을 명제들의 체계로 보아 이들 간의 논리적 관계의 분석에 치중함으로써 과학을 이론적으로 정당화하는 데에 치우친 반면, 과학적 활동이 실제로 어떻게 이루어지는지에 소홀했다. 쿤은 과학사 연구에서 얻은 경험적인 자료를 통해서 실제 모습과 부합하는 과학의 이미지를 제시하고자 했다. 이러한 작업을 과학철학의 역사주의적 전회(historical return)라고 한다. 이 관점은 『과학혁명의 구조』의 '서론: 역사의 역할'에 잘 나타나 있다.

하지만 2차대전이 일어났고 이 경험은 제 생각을 결정적으로 바꾸어 놓았습니다. 저도 물리학도로 참전을 했죠.

과학은 주도적으로 전쟁을 수행하고 있었지요. 과학은 사람을 죽이는 데 사용되었습니다.

그로 인해 저는 과학에 대한 기대를 모두 포기할 뻔했습니다.

그러던 중, 아리스토텔레스의 과학을 만났습니다.

우리가 이미 틀렸다고 결론 내린 과학이죠.

하지만 그를 이해하려고 노력하면서, 지금의 과학과는 전혀 다른 과학이 있음을 깨달았습니다.

덕분에 저는 다시 과학을 연구할 수 있게 되었고. 물리학도가 아니라, 과학사학도가 되었지요.

과학의 역사를 연구하며 생각했지요. 진정 과학이란 무엇인지 밝혀 보자!

어떻게 인간에게 희망을 주게 되었고, 어떻게 절망을 주었는지 알아보자!

· · · · · ·

하하, 너무 무겁게 시작한 것 같아 걱정이 좀 되네요.

강의를 듣다 보면 썩 흥미로울 겁니다.

1957년

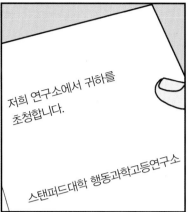

저희 연구소에서 귀하를 초청합니다.

스탠퍼드대학 행동과학고등연구소

나를 연구원으로 채용하겠다고?

여기에서라면 좀더 깊이 있게 연구를 진행할 수 있겠지. 강의 부담도 적을 테니까.

게다가 오래전에 제의받았던 연구를 재개할 수도 있을 테고….

어느새 5년이나 지나 버렸단 말이야….

1952년(추정)

똑똑

안녕하십니까, 쿤 교수님. 저는 시카고대학의 찰스 모리스*라고 합니다.

● **찰스 모리스**(Charles William Morris, 1901~1979) 버트란트 러셀과 논리실증주의자 집단인 빈 학파의 영향을 받았다. 그들의 철학적 프로젝트인 통합과학 운동(unity of science movement)을 미국 내에서 전개하려 했다. 그 일환으로 통합과학 백과사전(the International Encyclopedia of Unified Science) 시리즈를 기획했고, 자신이 재직하고 있던 시카고대학 출판부에 그 출판을 의뢰했다. 『과학혁명의 구조』도 이 기획물 중 하나이다.

아, 예…
근데 어쩐 일로?

저는 '통합과학
백과사전'을 준비하고
있는 편집자입니다.

교수님께 과학의
역사에 관한 글을
부탁드리려고 왔습니다.

저는 과학사 전공이
아닌 데다가 아직 연구도
미흡합니다.

이미 여러 편의
논문을 쓰시지
않았습니까?
아주 훌륭한
글이었습니다.

논문의 요지를
출판에 맞는 글로
집필하시면 되지
않겠습니까?

………

제게 시간을 주신다면,
한번 시도해 보겠습니다.

감사합니다.
좋은 글
기대하겠습니다.

이 만남을 계기로 쿤은 과학이란 무엇이고,
그것은 어떻게 발전하는가에 대한 연구를 구체화해
나가기 시작했다. 이것이 바로 『과학혁명의 구조』(이하
『구조』)의 출발이었다.

스탠퍼드대학 연구소로 간다면
'과학의 발전'에 대한 책을
완성할 수 있을 텐데.

문제는, 버클리로 온 지
얼마 되지 않았다는 것이지. 지금
스탠퍼드로 갈 수는 없어….
페퍼 선생님에 대한 예의도 아니고 말이야.

아쉽지만 할 수 없지.
다음 기회를 바랄 수밖에.

하지만 과학의 발전에 대한 문제는 여전히 남아 있어. 코페르니쿠스를 연구했을 때 문제를 더 밀고 나가고 싶었어.

과학은 분명히 진보해 왔다. 이것은 지속적인 발전 없이는 불가능한 것이었어.

하지만 아리스토텔레스와 코페르니쿠스 사이에 단절 또한 있었어.

그렇다면 단절이 있는데 어떻게 과학의 발전이 가능할까? 완전히 새롭게 정립된 과학이었는데.

게다가 그 단절이라는 것은 과연 과학사 전체에서 일반적인 현상일까? 단절을 과학 발전의 법칙으로 내세울 수 있을까?

왜 내가 뭔가 생각을 할 때는 누군가 무슨 짓을 하고 있을까?

어쨌든 이것이 나의 과제임은 틀림없어. 버클리에서든 스탠퍼드에서든.

탁

휴~ 도저히 갈피를 못 잡겠군.

이럴 땐 처음으로 돌아갈 수밖에 없어. 『코페르니쿠스 혁명』을 쓸 때로 돌아가 보자.

아리스토텔레스의 과학은 과학사에는 단절이 있었다는 것을 말해 주지.

그 단절을 보통 과학혁명이라고 부른다.

혁명은 드문 일이야. 정치 혁명이 그렇듯이.

그럼, 혁명이 일어나지 않는 시기에는 무슨 일이 있었을까?

과학혁명이 일어나지 않고 있는 지금, 나의 동료들은 무엇을 하고 있지?

내가 학부생이던 시절에 보던 책이구나.

물리학이 어려워서 고생하고 있을 때 교수님께서 빌려주셨지.

그때 교수님 말씀대로 연습문제를 수도 없이 풀고 익힌 덕분에 성적을 올릴 수 있었어.

문제를 정말 많이도 풀었었네.

그렇구나! 연습문제 풀기! 그러니까 해결해야 할 문제들은 이미 주어져 있었어.

과학자들은 늘 얘기하지. 지금 우리에게는 시급히 해결해야 할 문제들이 있다고.

혁명이 없는 시기에는 지금의 문제들을 해결하려고 노력해.

그러다 보면 문제들이 조금씩 풀리기 시작하지. 그만큼 과학은 발전할 테고. 이게 보통 때의 과학이 하는 일이야!

어느 봄날

스탠리*, 날씨가 정말 따뜻하군. 좋은 봄날이야.

이 즈음이면 항상 하버드에서 소프트볼 하던 때가 생각이 나.

그래… 자네는 좋은 타자였지. 아주 가끔씩이긴 했지만.

하하하.

그때 자네는 막 유럽에서 돌아왔을 무렵이었지.

● **스탠리 카벨**(Stanley Louis Cavell, 1926~) 미국의 철학자이자 미학자. 현재까지 하버드대학의 명예교수로 재직 중이다. 쿤과는 버클리 시절 동료로서, 쿤이 『구조』를 집필하는 데 자극과 격려를 아끼지 않았다. 쿤은 『구조』의 서문에서 카벨에게 감사의 인사를 표하고 있다.

그때만 해도 서로 잘 알지 못했는데, 이렇게 버클리에서 같이 점심을 먹고 있군.

그러게 말일세.

새로운 책 구상은 잘 되고 있어?

강의와 다른 일들 때문에 집중하기가 힘들어. 아직 생각도 정리되지 않았고.

최근 연구를 말해 보게. 얘기하다 보면 자네 스스로도 정리가 될 거야.

아직은 아이디어 단계일 뿐이네. 대략 이런 거지. 내 생각에는, 과학에는 두 시기가 반복된 것 같아.

하나는 주어진 문제를 해결하는 시기,

톡톡 콱

다른 하나는 문제 자체가 새롭게 변하는 시기.

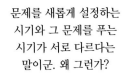

문제를 새롭게 설정하는 시기와 그 문제를 푸는 시기가 서로 다르다는 말이군. 왜 그런가?

문제 자체를 새롭게 하는 시기는 혁명의 시기지. 그런데 혁명이란 게 영원할 순 없어.

모든 시기 내내 혁명일 수는 없다는 뜻이야. 그러니 혁명이 아닌 시기, 즉 안정적이고 정상적인 시기가 필요하다고 생각했지.

꺼억~

그렇다면 그 정상적인 시기엔 어떤 활동을 하나?

혁명의 시기에 제기된 문제를 해결하려고 하지. 가령 갈릴레이에 의해서 지동설 우주가 확립되었다고 하세.

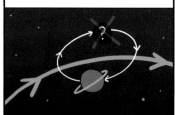

그렇다면 기존의 천동설에서 해결되지 않았던 문제들은 해결되겠지. 하지만 새로운 문제들이 생겨나.

지구가 돈다면 어느 정도의 속도로 도는지, 지구의 궤도는 어떤 모습을 그리는지 같은 게 새로운 문제일 테지.

정상 시기에는 이처럼 새롭게 제기된 문제들을 푸는 데 전념하게 된다네.

그럼 그 정상적인 시기에는 새로운 문제들이 모두 해결된다는 말인가?

모두는 아니겠지만 시간이 지나면서 점점 해결이 되지. 새로운 문제들을 어떻게든 풀려고 노력할 테니까.

그러는 동안에는 지동설을 다시 뒤엎을 정도의 혁신적인 이론은 만들지 않을 거야.

지동설이 등장하면서 제기된 문제이니 지동설로 충분히 풀 수 있다고 생각하기 때문이야.

하지만 아직 이런 과정에 대한 구체적인 설명을 할 수가 없어. 이 시기를 지칭할 단어도 찾지 못하겠고.

자네 말이 맞다면 말이야…

정말 그렇다면 지금껏 내가 알고 있던 과학사와는 완전히 다른 역사가 되겠군.

나도 그러길 바라네.

나중에 쿤은 문제를 푸는 시기를 '정상과학' (normal science)이라고 정의했는데, 이는 『구조』의 핵심개념이 된다.

흥미로운 책이 될 것 같네.

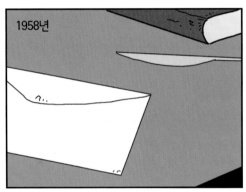

1958년

지난번에 나를 초청했던 연구소에서 다시 연락이 왔군.

곧 안식년이니까 이번에는 갈 수 있겠어.

스탠퍼드대학 행동과학고등연구소

쿤 교수, 드디어 모시게 되어 영광입니다.

저야말로 감사합니다.

지금껏 자연과학자들 사이에서 연구해 오다가, 사회과학을 하시는 분들과 연구할 기회를 얻게 되어 정말 기쁩니다.

하지만 이곳도 행동'과학'연구소 아닙니까. 저희도 똑같은 과학자입니다.

아하하. 그렇군요.

심포지엄 회의실

…그러므로 어떤 행동을 취하는지에 따라…

잠깐만요.

여기서 행동이란 어떤 개념입니까?

여기서는 인간이 의식을 갖고 결정하는 행동입니다.

하지만 무의식적 행동도 있지 않습니까?

저는 그런 것을 행동의 범위에 넣지 않습니다. 그 행동은 인간의 의지가 반영된 행동이라 할 수 없기 때문입니다.

아니, 그러면…

잠시만요. 일단 질문은 발표 후 토론시간에 해주시겠습니까?

흠흠, 계속 읽겠습니다.

우리는 여기서 한 가지 결론에 이르게 됩니다. '사회적' 입장에서 보았을 때, 우리의…

잠깐!

사회적 입장이라는 것은 어떤 것입니까? '사회'는 결국 사회주의적 관점을 뜻하는 것입니까?

그게 아니라 개인이 아닌 사회를 뜻합니다. 개인이 아니라 사회적 차원에서는 어떻게 변화하는지 보려는 겁니다.

그러니까 그것이 사회주의적 관점이지 않습니까?

아닙니다. 우리는 개인 말고 좀더…

사회라는 말도 다양한 뜻을 가지고 있으니 매우 중요합니다.

역시 아까 전의 '행동'이라는 말부터 다시 정의를 합시다.

냉전시기에는 '사회'라는 말에 이처럼 우스꽝스런 트집잡기가 벌어지기 일쑤였다. 당시에 '사회'라는 말은 사회주의나 공산주의를 뜻했기 때문이다.

여러분, 이렇게 해서는 발표문을 읽을 수가 없습니다. 제발 다 듣고 나서 질문해 주십시오!

묘하군. '행동'이나 '사회'라는 개념 하나를 해석하는 데 저토록 집착하고 예민하게 굴다니… 이래 가지고는 토론조차 되지 않겠어.

정말 신기한 상황이었어.

모두들 가장 기초적인 개념 하나를 합의하지 못해서 다투고 있다니.

내가 여태껏 경험한 수업이나 학회에서 이런 경우는 없었는데. 사회과학은 자연과학과 다른 것 같군.

까닭이 뭘까? 사회과학은 자연과학과 뭐가 다른 것일까? 자연과학이 가진 독특한 점이 있는 것일까?

내가 풀려는 과학의 비밀이 여기에 있을지도 모르겠어.

과학자들은 기초 개념들에 대해 이미 동의하고 있는 느낌이야. 이걸 어떻게 표현해야 되지? 엉켜 있는 생각들을 풀 수 있는 열쇠는 무엇일까?

오늘은 생각할 때 아무도 방해하지 않는군. 다행이야.

역시 오늘도 그냥 넘어가지 않는군.

새똥이라니···

쓱쓱

응!?

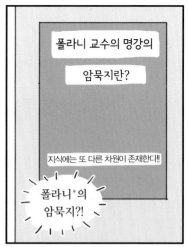
폴라니 교수의 명강의

암묵지란?

지식에는 또 다른 차원이 존재한다!!

폴라니*의 암묵지?!

예전에 코넌트 총장님 수업 시간에 읽은 적이 있었지. 끔찍이 어려워했던 기억이 나는구먼.

지식에는 또 다

엇! 아냐, 지금 막혀 있는 내 생각을 뚫어 줄 기회가 될지도 몰라.

암묵지란 무엇일까요?

저 말을 들으니 힘들었던 그때가 다시 떠오르는군.

우리의 지식은 두 가지로 나눌 수 있습니다.

바로 암묵지(암묵적 지식)와 명시지(명시적 지식)죠.

● 미이클 폴라니(Michael Polany, 1891~1976) 헝가리 출신의 영국 철학자. 원래는 유명한 화학자였으나, 50대 후반 사회과학으로 분야를 옮긴 뒤, '암묵지'와 '계층이론' 개념을 새로 도입했다. 폴라니는 암묵지/명시지의 분류법을 통해 우리는 '우리가 말할 수 있는 것 이상으로 알고 있다'고 주장하는 한편, 기존의 철학적 인식론이 명확한 지식(明示知)만을 특권화하고 있다고 비판한다.

명시지는 언어나 문자로 표현되어 있어 누구나 습득하여 익히는 것이 가능한 지식입니다. 대개 우리가 지식이라고 할 때는 명시지에 가까운 개념을 사용하는 것입니다.

암묵지
tacit knowledge
명시지
explicit knowledge.

딸깍

하지만 말이나 글로 표현하기 어려운 지식이 있습니다. 이것이 바로 암묵지입니다.

딸깍

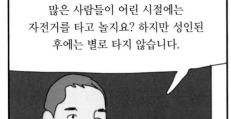

많은 사람들이 어린 시절에는 자전거를 타고 놀지요? 하지만 성인된 후에는 별로 타지 않습니다.

그러다가 우연히 탈 기회가 생깁니다. 어떨까요?

딸깍

어어...

안장에 앉아 페달에 발을 얹고 돌리기까지 불안불안합니다. 처음엔 꽤 흔들리지요.

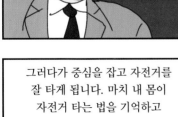

그러다가 중심을 잡고 자전거를 잘 타게 됩니다. 마치 내 몸이 자전거 타는 법을 기억하고 있다는 느낌이 들지요.

자전거를 어떻게 타는지 말이나 글로 명확하게 설명하기는 쉽지 않습니다. 하지만 타는 법에 대한 앎을 가진 것은 분명합니다.

이처럼 몸으로 익힌 앎, 어떤 노하우(비결) 같은 형태의 지식을 우리는 꽤 많이 가지고 있습니다.

저는 이것을 암묵지라 부릅니다.

그래!

그렇담, 어떤 이론 그리고 이 이론에 관련된 모든 지식에도 암묵지가 존재한다는 말이 되는데….

내 연구에 필요한 단서를 얻은 느낌이야.

며칠 후, 스탠퍼드 물리학회 회의실

따라서 지금 문제는 양자역학의 적용 범위를 확장하는 것입니다.

이후 연구들 또한 여기에 초점을 맞추어야겠습니다.

연구 범위를 넓히기 위한 방법에는 어떤 것이 있겠습니까?

제가 얼마 전에 발표한 논문이 관련이 있을 것 같군요. 그 논문에서 이 문제를 새 방식으로 접근해 보았습니다.

아마 사회과학자들이었다면 '양자'라는 개념을 가지고 한참을 싸웠겠지.

과학자들은 개념 정의에서 의견이 일치하니 곧장 문제를 해결할 방법만 토론하면 돼.

사회과학자들과
굉장히 다른 면이야.

토머스, 과학사를 하다가
이런 문제를 접하니 좀
어렵지 않았어?

조금은. 그래도
전에 내가 배울 때보다
더 발전한 듯했어.
새로운 문제를 고민하고
있으니 말이야.

재밌는 얘기 하나 해줄까?
며칠 전 연구소에서 사회과학
교수들과 세미나를 했지.

그들은 '인간', '행동'같이
뻔한 단어들의 의미를
일치시키느라 정작 본론으로
들어가지도 못하는 거야.

후후. 과학이야
늘 명쾌하게
다음 단계로 가니까.
문제가 생기면 최대한
빨리 해결하고 다시
또 문제를 가져오고
해결하고를 반복하지.

………

같은 단어를 쓰지만,
실은 각자 다른 의미로
사용하고 있었기 때문이지.

허허허, 답답한
친구들일세. 그래 가지고
언제 문제를 해결하겠어?

그렇지? 참으로
한심하고 답답한 노릇이…
응?

?

중요한 생각이 떠올랐네.
답을 찾은 것 같아. 고마워.
자네 덕분이야. 잘 가게.

톰?

과학자들에게는
무언가 공통된
전제가 있어.

폴라니의
암묵지!!

과학자들은 과학 내에서
해결할 수 없는 문제가
발생했을 때, 이를 중대한
사안이라고 보고, 협력해서
일사분란하게 이것을
해결하려고 해.

과학자 중에 '원자'의
개념에 대해 토를 다는
사람은 거의 없어.

바로 이거야. 이게 과학의
독특성이야. 이건 분명히
사회과학자들과 다른 점이야.

뿐만 아니라, 평상시
연구할 때도
선배 과학자들이 연구해 놓은
개념을 이어받아 이를
발전시키려고 노력하지.

선배 과학자들이
제시한 문제를 풀기
위해 노력하기도 해.
이러한 사실들이
의미하는 바는
이것이다.
동시대 과학자들은
공통된 문제의식을
공유하고 있다!

다시 말해, 연구에서 다루는
과학적 개념은 말할 것도 없고

전문용어의 사용,
문제해결 방식에서
공통된 합의가
이미 전제되어 있어!

이것은 분명 폴라니의 암묵지와 매우 비슷해.

과학자들은 그들이 가진 공통된 전제를 명시적으로 표현하지는 않지.

하지만 이는 분명히 무의식적으로 체득하고 있는 지식들이고, 이것들이 그들이 연구활동을 하는 데 매우 중요하게 쓰이고 있어.

이것을 과학자들이 공유하고 있는 행동양식이나 사고방식이라 할 수 있지 않을까?

과학자 사회의 구성원이 공유하고 있는 신념, 가치, 기술 등을 망라한 총체적 집합. 이르자면…

패러다임!!

쿤은 이러한 개념을 모델, 패턴, 예시를 뜻하는 라틴어 '파라디그마'(paradigma)를 차용해, 패러다임(paradigm)이라고 불렀다. 바로 그 유명한 패러다임이라는 용어가 탄생하는 순간이었다.

스탠퍼드에 놀러오니 좋군. 책은 잘 되어 가나?

이제 남은 건 과학에서 패러다임을 어떻게 만들어냈는가 하는 점이지.

합의가 아닐까? 어떤 하나의 개념을 이런 저런 방식으로 사용하자고 동의할 수 있으니까.

합의라…. 좀더 생각해 봅세. 내가 질문 하나 하겠네. 물리학에서 운동이란 무엇인가?

운동이라면, 당연히 물체가 여기에서 저기로 이동하는 것이지.

그렇네. 그런데 자네가 그 개념에 동의한 적이 있나?

물리학회에서 자네를 찾아와,

저희가 이번에 '운동'을 물체의 위치이동으로 정의하려는데 이 동의서에 서명해 주십시오.

라고 부탁받은 적이 있느냐는 거지. 나는 그런 동의서에 서명한 적이 없네. 장담컨대 아마 자네도 없을 거야.

물론 그런 일은 없지. 하지만 그건 너무 당연한 게 아닌가? 그것이 아닌 다른 운동을 상상할 수 없거든.

바로 그거야! 우리는 동의한 게 아니라 그것 말고는 상상할 수가 없어서 그게 당연하다고 여기는 거야.

아리스토텔레스에게 운동은 위치이동뿐만 아니라 식물의 성장, 질적 변화, 질서를 회복하는 움직임을 모두 포함하는 개념이었지. 씨앗이 나무가 되면 운동한다고 했다고!

운동 개념에 대해 여러 선택지를 주고 그중에 하나를 고르는 합의가 아니라는 거지.

이미 외우고 암기하면서 주어졌겠지. 교과서 같은 것을 봐. '운동=위치이동'으로 생각하도록 끊임없이 훈련받잖아.

연습문제 풀이나 시험은 그런 것을 익히도록 하는 게 목적이지. 시험에서 아리스토텔레스처럼 답했다가는 낙제받기 십상이야.

현대 물리학

학생 의견은 알겠네. 그럼 이제 내 강의실에서 나가 주게.

듣고 보니, 나도 그런 경험을 한 적이 있어. 현미경으로 처음 세포를 들여다봤을 때, 희뿌옇기만 하고 아무것도 안 보이더라고.

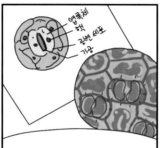

그런데 교과서의 세포 그림을 달달 외우고 눈에 익힌 다음 현미경을 봤더니 얼추 비슷한 상을 알아볼 수 있었지.

맞아. 분명 그랬을 거야. 실제 모습과 그림의 일치를 알아보지 못하는 문제가 아니야. 우리는 교육을 통해 시각까지도 학습당하지.

태극 마크다!

헐~

묘하군. 개념이야 그렇다 쳐도, 감각조차 그렇게 얻어진 거라니!

반득

반득

무엇을 사실로 봐야 하고 오류라고 제외시켜야 할지까지 모두 배우는 거지. 아마 그런 과정에서 뭔가 공통적인 지식이라는 것이 만들어지는 것 같아.

무의식적이고 암묵적으로 형성되는 공통의 지식, 이것이 우리의 감각을 형성하는 것이라고 생각한다네.

이렇게 과학자가 공유하고 있는 공통의 지식과 공통의 감각이 있다고 해보세.

그런데 이 공유된 지식은 아리스토텔레스의 시대, 뉴턴의 시대, 현대의 것이 각각 다르지 않은가?

음, 단절이 존재하는 것 같네그려.

그렇지. 난 이 단절이 중요하다고 생각하네.

그 사이에 어떤 변화들이 있었는지 아직 정확히 몰라. 하지만 어쨌든 우리는 다시 돌아갈 수 없는 강을 건넌 거야.

그 강을 건너면서 과학의 가장 근본적인 전제가 순식간에 변했다고 볼 수 있어.

마치 신을 믿지 않던 사람이 신을 믿게 되는 것처럼, 그런 개심의 순간들을 지나온 것 같아.

하긴 유신론자가 자기가 무신론이었을 때를 기억이나 할는지….

우리가 과학혁명이라 부르는 사건이 바로 이런 단절을 말하는 게 아닐까?

그렇지. 새로운 과학의 탄생이 과학혁명이지.

난 과학혁명이라는 사건을 좀더 명확히 하고 싶네.

새로운 과학이 이전 시대의 과학과 어떻게 단절해 가는지, 또 어떻게 새로운 과학의 체계를 만들어 가는지 말이야.

쿤의 연구실

이제 모든 단어들을 찾은 것 같아.
정상과학, 혁명, 그리고 패러다임까지.

이제 이들을 가지고 생각을
정리하는 일이 남았어.

카벨과 얘기를 나눌 때만 해도
아무것도 명확하지 않았지.

사회과학자들의 이야기를
들은 것도 굉장히 소중한
경험이었고.

폴라니의
암묵지에서 얻은
생각도 있지.

그리고 패러다임이라는
용어까지…

왠지 이 용어는
세상 사람들 입에 많이
오르내릴 것 같군….

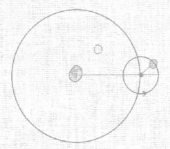

Scientific
Revolutions

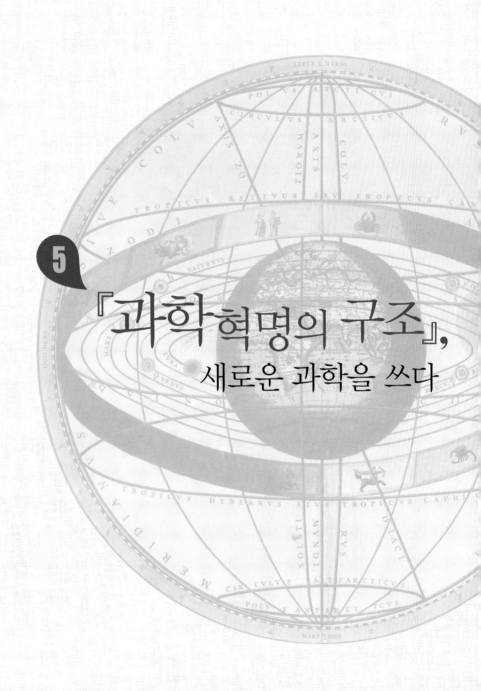

5

『과학혁명의 구조』,
새로운 과학을 쓰다

1959년 7월 UC버클리

스탠리, 자네도 반갑고
흠~ 버클리의 냄새도
반갑구먼.

후후. 이제 완전히
돌아온 기분이 나는
모양이군.

작업은 많이
진행되었나?

행동과학고등연구소에서
너무 한가하게 지내지
않았나 싶어.

과학혁명에 관한 글은 단지
첫 장의 원고와 나머지 장들의
야심찬 계획만 짰을
뿐이야.

원래는 그 원고를 마무리짓고,
17세기 과학과 철학의 관계에
대한 논문을 쓰려고 계획했건만….
이루어진 게 아무것도 없도다.

그래도 논문 몇 편을
썼으니까* 너무 실망하지
말게. 심기일전해서 다시
시작하게나!

후후. 그래야지.

쿤은 버클리로 돌아와 본격적으로 『구조』를
집필하기 시작했다.

● 쿤은 스탠퍼드대학 행동과학고등연구소에 방문교수로 가 있을 당시 과학사 연구 논문인 「자연과학의 발전에서 측정의 역할」, 「과학적 연구에
서 전통과 혁신」, 「사고실험의 기능」의 초안을 썼다.

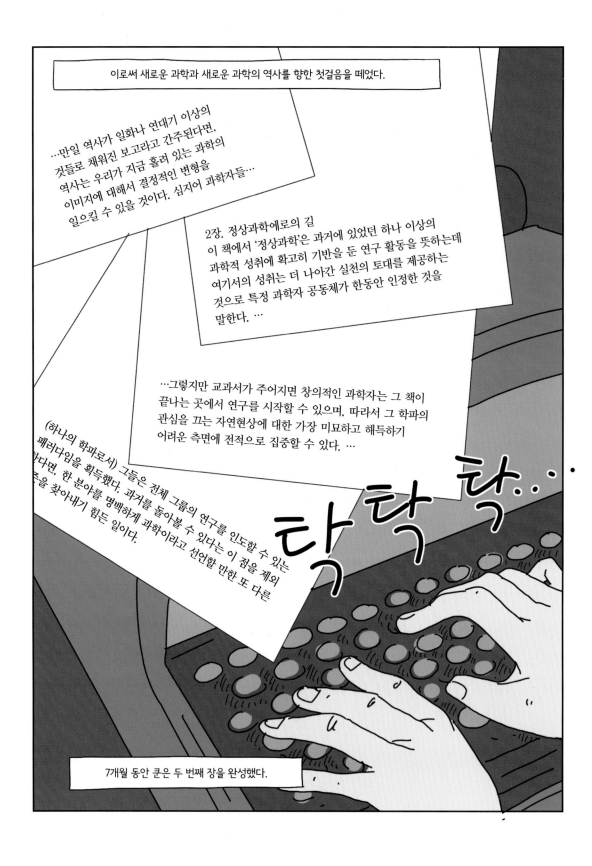

이로써 새로운 과학과 새로운 과학의 역사를 향한 첫걸음을 떼었다.

...만일 역사가 일화나 연대기 이상의 것들로 채워진 보고라고 간주된다면, 역사는 우리가 지금 흘려 있는 과학의 이미지에 대해서 결정적인 변형을 일으킬 수 있을 것이다. 심지어 과학자들...

2장. 정상과학에로의 길
이 책에서 '정상과학'은 과거에 있었던 하나 이상의 과학적 성취에 확고히 기반을 둔 연구 활동을 뜻하는데 여기서의 성취는 더 나아간 실천의 토대를 제공하는 것으로 특정 과학자 공동체가 한동안 인정한 것을 말한다. ...

...그렇지만 교과서가 주어지면 창의적인 과학자는 그 책이 끝나는 곳에서 연구를 시작할 수 있으며, 따라서 그 학파의 관심을 끄는 자연현상에 대한 가장 미묘하고 해득하기 어려운 측면에 전적으로 집중할 수 있다. ...

(하나의 학파로서) 그들은 전체 그룹의 연구를 인도할 수 있는 패러다임을 획득했다. 과거를 돌아볼 수 있다는 이 점을 제외 하다면, 한 분야를 명백하게 과학이라고 선언할 만한 또 다른 것을 찾아내기 힘든 일이다.

탁탁탁...

7개월 동안 쿤은 두 번째 장을 완성했다.

1960년 봄

후~ 이제 겨우 2장까지 썼네.

그래도 책 구성은 분명해졌어. 이렇게 나머지를 완성시키기만 하면 돼.

〈차례〉
과학혁명의 구조
1. 서론 : 역사의 역할
2. 정상과학의 성격
3. 퍼즐 풀이로서의 정상과학
4. 패러다임의 우선성
5. 변칙현상 그리고 과학적 발견의 출현
6. 변칙현상 그리고 과학 이론의 출현
7. 위기 그리고 과학 이론의 출현
8. 위기에 대한 반응
9. 과학혁명의 성격과 필연성
10. 세계관의 변화로서의 혁명
11. 혁명의 비가시성
12. 혁명의 완결
13. 혁명을 통한 진보

....

일단 '통합과학 백과사전' 편집자에게 보내는 게 좋겠다.

며칠 후

따르르릉.

여보세요.

쿤 교수님, 찰스 모리스입니다. 보내주신 원고와 책의 개요 잘 보았습니다. 매우 좋던데요.

예스!

다행이네요. 앞으로 좀더 매진해서 올해 안에는 원고를 끝내보도록 하겠습니다.

맴맴맴맴 매━━━━앰

찌르르찌르르

찌르릉━━━━

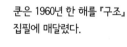

쿤은 1960년 한 해를 『구조』 집필에 매달렸다.

1961년 초, 초고가 완성되었다.

과학은 어떻게 발전하는가

과학은 어떻ㄱ

휴~『구조』의 내용을 학생들 앞에서 강의하긴 했지만, 물리학자들 앞에서 강의하긴 처음이군.

과연 물리학자들은 내 견해를 어떻게 받아들일까? 그들이 동의해 줄까?

!

엇, 저 분은 재작년에 노벨 물리학상을 받은 세그레° 교수잖아.

후~

침착하자, 침착해.

그럼, 강의를 시작하겠습니다.

과학은 어떻게 발전하는가?

17세기에 있었던 과학혁명을 고찰해 보면서 이번 강의의 주제에 접근해 보려고 합니다.

• 에밀리오 세그레(Emilio Gino Segrè, 1905~1989) 이탈리아에서 태어나 미국으로 귀화한 물리학자. 최초로 반양성자를 추출한 공로로 1959년 노벨 물리학상 수상했다. 1946년부터 버클리의 물리학과 과학사 교수직을 맡고 있었다.

17세기 과학혁명, 특히 갈릴레이를 둘러싼 천동설과 지동설의 논의가 중심이 될 겁니다.

자연철학, 형이상학, 논리학, 윤리학 그리스 학문을 집대성했다고 할까요.

당시, 우주와 자연을 이해하고 해석하는 틀은 아리스토텔레스적 세계관이었습니다.

그의 세계관에 의하면, 우주의 중심에는 지구가 있고,

지구 주위를 태양과 그 밖의 행성들이 돌고 있었습니다.

우주는 천상과 지상으로 엄격히 구분된 질서 잡힌 세계였습니다.

지상은 불완전한 물질들로 이루어져 있어 언제나 변화하는 혼란된 세계였고,

이와 반대로 천상은 에테르* 같은 순수하고 깨끗한 물질로 이루어져 있어 영원불변하는 곳이었죠.

아빠, 저 달은 뭘로 이루어져 있을까요?

아마 수정같이 깨끗하고 고귀한 물질일 거야.

그렇기에 천상에 있는 달은 신성한 물질로 이루어져 있어야 했고, 완벽히 매끈한 구형이어야 했습니다. 당시 사람들은 천상의 완전무결함을 밤하늘에 뜬 동그랗고 매끈한 달을 보며 몸소 경험하고 있었지요.

• 에테르(ether) 오늘날 의학용 마취제로 쓰이는 유기화학물질의 이름이 되기 전까지 이 말의 역사는 매우 길다. 고대 그리스에서는 탁하고 무거운 대지의 물질에 대비되어 맑고 순수하고 빛나는 대기 상층부를 가리키는 말로 사용되다가, 아리스토텔레스의 자연학에서는 천상계의 항구한 질서를 만들어내는 '제5원소'를 의미하게 되었다. 1881년 마이컬슨-몰리의 실험에 의해 비로소 에테르의 존재가 부정되었는데, 그전까지 서양의 물리학자들은 파동인 빛의 운동을 공기 중에서 매개하는 물질도 에테르라고 생각했다.

이러한 세계관을 바탕으로 하늘에서 일어나는 행성들의 운동을 설명하는 이론이 바로 프톨레마이오스* 모델이었습니다.

이를 바로 지구중심설이라 부릅니다. 혹은 지구가 정지해 있고, 하늘이 움직인다는 뜻으로 천동설이라고도 하죠.

이 모델에 의하면 지구를 중심으로 태양과 다른 행성들이 큰 원을 그리며 돌고 있죠.

프톨레마이오스 모델의 한가운데, 즉 우주 중심에는 지구가 정지해 있다. 태양, 달, 행성들은 그들의 자연스러운 운동을 하면서 원궤도를 돈다.

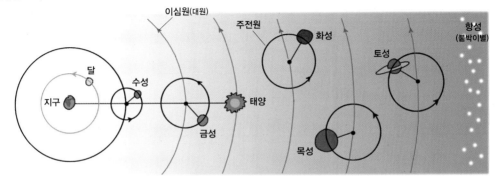

행성들의 운동은 대원과 주전원의 운동이 동시에 복합적으로 일어난다고 설명한다.
다시 설명하면, 행성들은 저마다 작은 주전원(周轉圓, epicircle) 운동을 하면서 동시에 지구를 중심에 두고
큰 대원(大圓, the circle of reference)을 그리는 궤도 운동을 한다. 다소 복잡해 보이는 대원과 주전원 개념은,
지구에서 행성들을 관찰해 보면 행성들이 지구에서 가까워졌다 멀어졌다 하는 현상을 설명하기 위한 것이었다.

이 천체계는 우주 공간에 40개가 넘는 원들이 서로 맞물려 돌아가고 있었기 때문에 엄청나게 복잡했죠.

하지만 프톨레마이오스 모델은 실제 관측 결과와 잘 들어맞을 뿐 아니라, 아리스토텔레스의 역학체계와도 어긋나지 않았어요.

지동설보다 합리적일지도 몰라요.

● **클라우디오스 프톨레마이오스(Claudius Ptolemaeus AD 83년경 ~ 168년경)** 고대 그리스의 수학자, 천문학자, 지리학자, 점성학자. 플라톤, 아리스토텔레스를 비롯해 다른 고대 과학자들로부터 전해 오던 지구중심적 우주관을 계승하고 직접 관찰한 천문학적 사실들을 종합하여 우주의 운행을 기술하는 모델을 만들었다. 이 프톨레마이오스 모델이 우리가 흔히 천동설이라고 부르는 우주관이다.

근 천 년 동안 지속된 중세에 프톨레마이오스 모델은 정론으로서 인정받았습니다.

제 식으로 말하면, 그의 모델과 아리스토텔레스의 세계관은 그 시대 과학의 패러다임으로 자리매김했던 것입니다.

하지만 그토록 오랫동안 굳건히 자리를 지키던 패러다임에 균열을 일으키는 일이 벌어졌죠.

1609년 12월의 추운 겨울날 밤. 이탈리아의 한 과학자가 깜짝 놀랄 만한 경험을 하게 됩니다.

!

그는 자신이 만든 망원경으로 달의 표면에서 움푹 파인 계곡과 높이 솟아오른 산들을 봅니다.

이 과학자가 바로 갈릴레오 갈릴레이°였습니다.

이걸로 보면 다 보이지. 다 다르게 보이지.

뭐? 달이 울퉁불퉁 하다고?

산과 계곡도 있다네요.

그럴 리가…. 달은 보다시피 완벽하게 매끈하다고!

● 갈릴레오 갈릴레이(Galileo Galilei, 1564~1642) 이탈리아 피사에서 태어났다. "그래도 지구는 돈다."라는 말 한마디로 종교에 맞서 진리를 수호한 과학자로서 불멸의 명성을 얻었지만 이는 사실이 아니다. 하지만 그가 과학혁명의 주역이라는 사실은 틀림없다. 그는 달, 태양의 흑점, 목성의 위성을 관측하고 금성의 위상이 변하는 이유를 설명해냄으로써 당시의 천문학으로는 매우 전복적인 주장을 제기했다. 역학에서도 관성의 법칙, 가속도 개념 같은 것을 내세워 근대역학의 이론적 토대를 마련했다.

그가 본 달의 모습은 천상의 신성함을 훼손할 뿐만 아니라, 천상과 지상을 같은 지위로 만들었습니다.

달의 모습은 울퉁불퉁하고, 군데군데 흠집투성이여서 신성함과는 거리가 멀어 보였습니다. 지구의 모습과 별반 다를 게 없었죠.

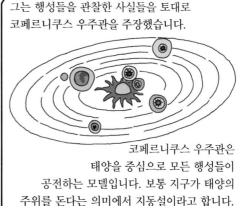

그는 행성들을 관찰한 사실들을 토대로 코페르니쿠스 우주관을 주장했습니다.

코페르니쿠스 우주관은 태양을 중심으로 모든 행성들이 공전하는 모델입니다. 보통 지구가 태양의 주위를 돈다는 의미에서 지동설이라고 합니다.

갈릴레이가 목성의 위성을 발견한 사실과 관련된 재미난 일화가 있습니다.

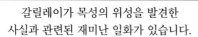

〈갈릴레이가 목성을 관찰하고 남긴 기록〉

갈릴레이는 맨 처음 목성 주위에서 4개의 천체를 발견했을 때는 그것들이 목성의 위성인지 몰랐습니다. 그런데 날마다 관찰해 보니, 이 천체들은 위치가 일정하게 바뀌는 운동을 하고 있었습니다.

하나가 나타나고, 앞서가던 하나는 사라졌어… 그렇다면 네 개의 천체는 목성 주위를 회전하고 있는 게 분명해.

갈릴레이의 발견은 아리스토텔레스의 세계에 반하는 사실이었기 때문에 당대인들에게 큰 충격을 안겨 주었습니다.

목성 주위를 네개의 다른 천체가 돌고 있다더군.

그게 말이 되나? 위성은 하느님께 선택받은 우리 지구만 거느려야 하는 게 아닌가?

게다가 지구보다 위성이 많다니… 말세야, 말세.

심지어 어떤 사람은 이런 시를 쓰기도 했습니다.

그리고 새로운 철학은 모든 의심을 불러일으키고,
불씨는 완전히 스러져 버렸다.
태양은 사라지고, 지구도 그러하며,
인간의 지혜마저도
그것을 볼 수 있는 곳으로 그를
인도하지 못한다.
그리고 사람들은 아무렇지 않게
세계의 쇠퇴를 인정한다.
행성들과 하늘에서
그들은 많은 새로운 것을 찾는다.
그리고 그들은 본다,
그것들이 다시 원자로 부서지는 것을.
그것은 모두 조각나,
모든 결합은 사라진다.
공급되는 모든 것과
모든 관계로부터.

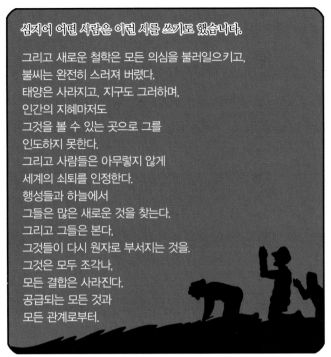

갈릴레이의 새로운 발견과 앎에 대해 당시 사람들은 불안감과 혼돈을 느꼈죠.

신이시여!!

유한한 우주의 질서가 그들의 삶을 인도했다면, 무한한 우주*의 개념은 그들의 도덕적 이정표를 빼앗아 버렸습니다.

당시 유명한 수학자였던 파스칼*은 이렇게 말했습니다.

무한 공간의 개념이 사람들로 하여금 도덕적으로 갈피를 못 잡게 하는 결과를 초래했소.

지구가 세계의 중심이 아니라는 사실은 그들이 맺고 있었던 신과의 경건한 정신적 유대를 끊었습니다.

타락했지만 신의 은총을 받는 유일하고 매우 특별한 장소는 이제 어디에도 없습니다.

그들은 단지 무한한 우주 속에 티끌과 같은 존재로 전락해 버린 것입니다.

거의 모든 학자들이 갈릴레이의 관찰을 반박하고 나섰죠.

다들 어디 가시오?

우르르

갈릴레인지 갈비짝인지 보러 간다.

코페르니쿠스 모델이라는 새로운 패러다임을 제시하려는 갈릴레이와 중세적 패러다임을 지키려는 편의 대립이 시작된 것이었죠.

더, 덤벼!

• 갈릴레이는 배율이 더 나은 망원경으로 관측해도 별들이 더 이상 확대되어 보이지 않는다는 사실을 알아차렸다. 이는 별들이 엄청나게 먼 거리에 있다는 것을 의미한다. 이 또한 유한한 우주관을 가진 당시 사람들을 당혹스럽게 했다.

하지만 그들은 참 이상하고 순환적인 논쟁을 벌이게 됩니다.

망원경을 통해 관찰한 결과, 천동설은 틀린 이론 같습니다.

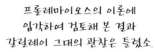

프롤레마이오스의 이론에 입각하여 검토해 본 결과 갈릴레이 그대의 관찰은 틀렸소.

저는 망원경으로 본 것을 그대로 설명했을 뿐이오.

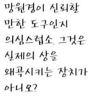

망원경이 신뢰할 만한 도구인지 의심스럽소. 그것은 실제의 상을 왜곡시키는 장치가 아니오?

무슨 말도 안 되는 말씀입니까?

아니 글쎄, 우리는 망원경을 신뢰할 수 없다니까.

나 참.

갈릴레이는 망원경의 관찰을 통해 천동설을 부정했고, 당시 학자들은 천동설을 근거로 망원경의 관찰을 부정했어요. 망원경이 지상의 사물은 또렷이 보여 주지만, 천상의 사물은 제대로 보여 주지 못해 실제의 상을 왜곡시킨다고 우겼다.

그들은 서로 '공약불가능' 했기 때문에 애초에 토론이 제대로 될 수가 없었던 것이죠.

빨강!

허… 참….

좋소, 당신들 눈으로 직접 보시오!

그러지, 뭐.

서로 다른 전제, 정의, 용어를 가진 사람들끼리 아무리 자기가 옳다고 주장해 봤자, 어느 쪽이 옳은지 판단해 줄 절대적인 심판관이 없었습니다.

● **블레즈 파스칼(Blaise Pascal, 1623~1662)** 프랑스의 수학자, 물리학자, 철학자. 『원뿔 곡선 시론』이라는 저서에 나오는 '파스칼의 정리'로 유명하다. 놀랍게도 이 책은 파스칼이 열여섯 살에 출판되었다. 유고집 『팡세』를 보면, 그가 물리학과 수학뿐만 아니라 철학과 종교학에도 탁월했다는 사실을 알 수 있다.

갈릴레이는 시연회를 열었지만 그들은 망원경을 신뢰하지 않았고, 무엇을 봐야 하는지에 대한 선지식이 없었기 때문에 갈릴레이가 보는 대로 보지 못했습니다.

그들은 상이 조금이라도 흐릿하거나 겹쳐 보이면, 도구의 불완전함을 탓하며 망원경의 상을 무시했습니다.

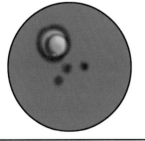

자, 정리를 해보죠.

첫째, 그들은 망원경을 신뢰하지 않았다. 그 때문에 자신이 보았던 경험을 자연스럽게 무시했다.

둘째, 그들은 선지식이 없었다. 만약 대상이 지상의 사물이었다면, 상이 왜곡되더라도 사물의 원래 상에 견주어 왜곡을 쉽게 정정했을 것이다.

하지만 하늘은 모두 생소한 장면들이었죠. 영어를 모르는 사람이 영문자를 보면 검은 얼룩으로밖에 보이지 않는 것과 같았을 겁니다.

이런 상황에서 갈릴레이가 할 수 있는 일은 무엇이었을까요?

그것은 바로 '설득'의 작업입니다.

웅성 웅성

저, 여러분 진정하십시오.

아냐, 됐어. 세그레 교수가 나에게 동의해 주고 있어.

갈릴레이는 자신의 이론이 기존 이론에 비해 훨씬 설명력과 예측력이 좋음을 다른 과학자들에게 설득하는 동시에

자신의 이론이 과거의 업적보다는 미래의 가능성이 무궁무진하다는 것을 보여 주려고 애썼습니다.

여기 한 번 봐 주시오.

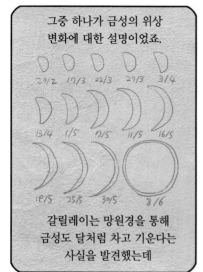
그중 하나가 금성의 위상 변화에 대한 설명이었죠.

27/2 17/3 22/3 27/3 3/4
13/4 1/5 7/5 11/5 16/5
18/5 25/5 30/5 8/6

갈릴레이는 망원경을 통해 금성도 달처럼 차고 기운다는 사실을 발견했는데

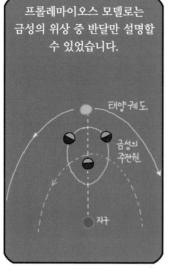
프톨레마이오스 모델로는 금성의 위상 중 반달만 설명할 수 있었습니다.

태양 궤도
금성의 주전원
지구

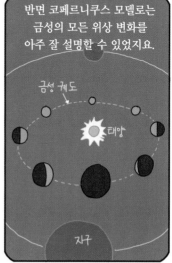
반면 코페르니쿠스 모델로는 금성의 모든 위상 변화를 아주 잘 설명할 수 있었지요.

금성 궤도
태양
지구

그는 옛 교리를 싫어하는, 진보적인 성향의 과학자들을 찾아가서 자기 편으로 만들었습니다.

이번게들 반가우이!

웬 친한 척?

갈릴레오의 친구이자 후원자인 체시 공*, 살비아티*, 사그레도*가 그런 사람들이었죠.

특히 체시가 만든 린체이 학회는 기성학계에 반하는 자유주의적 의견을 가진 사람들이 모인 과학단체로, 반-가톨릭, 반-아리스토텔레스적 성향을 띠었습니다.

갈릴레이는 이들과 함께 과학 활동을 하면서 새로운 앎과 경험에 대한 믿음을 키워 나갔습니다.

이러한 과정을 통해 갈릴레이의 이론을 믿는 과학자들은 날로 늘어났습니다.

어쭈!

그런데 이상한 점은 그들에게 갈릴레이의 이론을 믿게 된 어떤 논리적 이유가 존재하지 않았다는 것입니다.

글쎄, 이유라면 그게…

난 그냥 끌렸어.

어떤 이들은 지동설의 간단명료함과 갈릴레이가 펼쳐내는 수학적(기하학적) 우아함에 설득되기도 했으며,

우아해!

지동설이 맞아, 느낌이 팍 꽂혔어!

다분히 개인적인 확신으로 그 이론의 장래성을 높게 평가하며 지동설로 돌아서기도 했습니다.

어떤 때에는 과학 외적인 요소에 의해, 혹은 개인적 성향에 의해 갈릴레이의 이론에 동조하기도 했습니다.

지동설이 갑!

어쩌면 아리스토텔레스를 배우지 않아도 될지 몰라. ㅋㅋ

• 페데리코 체시(Federico Cesi, 1585~1630) 제2대 몬티첼리 후작이자 산폴로와 산탄젤로의 군주였다. 뭐든 하고 싶은 대로 하며 살 만한 부와 지위를 가졌지만 방탕하고 향락적인 생활 대신 철학과 신과학을 공부하면서 급진적인 발상과 자유주의적 사상을 추구했다. 1603년 린체이 학회를 창립했다.

특히 케플러의 예는 이 점을 잘 보여 주는데, 그가 코페르니쿠스주의자가 된 것은 어릴 적부터 태양숭배주의자였기 때문이었습니다.

왜요? 너무 의외라서 놀랐나요?

헐~

갈릴레이의 이러한 설득 작업은 상대방을 개종(conversion) 혹은 전향시키려는 것과 비슷합니다.

우리는 어떤 종교로 개종할 때, 그 종교와 그 교리에 대한 합리적인 판단을 거치지 않죠.

알라신이 존재할 확률이...

오직 믿음과 확신에 의해 그 종교의 신자가 됩니다.

과학자도 이와 유사합니다.

다수의 과학자들이 설득을 통해 새로운 패러다임을 받아들이는 순간, 과학은 이전과 근본적으로 달라집니다.

새로운 문제설정, 새로운 이론, 새로운 도구, 새로운 세계관으로 무장한 과학자들이 부상하게 됩니다.

옛 패러다임에서 새로운 패러다임으로의 변화.

이때에 이르러 비로소 과거의 세계관과는 단절하게 됩니다. 바로 이 단절점이 과학혁명입니다.

저는 이것을 패러다임 전환(paradigm shift)이라고 부릅니다.

• **필리포 살비아티**(Filippo Salviati, 1582~1614) 플로렌스의 부유한 귀족으로 갈릴레이의 절친이자 린체이 학회의 동료 회원이었다. 수학과 천문학에 관심이 많은 아마추어 과학자였다. 갈릴레이의 책에서 그의 이론을 설명하는 인물로 등장한다.

• **조반니 프란체스코 사그레도**(Giovanni Francesco Sagredo, 1571~1620) 베니스의 귀족이자 외교관. 그 역시 아마추어 과학자로 자석, 과학, 역학에 관심이 많았다.

혁명이 일어나면 사람들은 다른 방식으로 보고, 생각하게 됩니다. 즉 세계관에 전변이 일어나는 것입니다.

왕과 국가가 나의 인권을 유린한다면 그것은 계약 위반이다!

저런 몹쓸 것! 나랏님한테 못하는 소리가 없네!

말세 로세

← 루소

어떤 면에선 세계가 변한다고 할 수 있습니다.

술렁 술렁

....

만일 한 과학자가 아리스토텔레스적 이론에서 코페르니쿠스적 이론으로 개종했다면, 그는 아리스토텔레스적 세계가 아니라 코페르니쿠스적 세계에 살게 됩니다.

조용히 있으면 지구가 움직이는 소리를 들을 수 있을지도 몰라.

이전에 그들은 하늘의 해가 움직이는 것을 보고 천구의 움직임을 경험했지만, 이제 그런 경험은 할 수 없습니다.

오늘도 어김없이 지구의 자전은 계속되는구먼.

여기서 개종한 과학자의 경험은 해석의 차이가 아닙니다. 즉 있는 그대로의 자연을 관점에 따라 달리 파악하는 것이 아니라는 겁니다.

그들은 오직 하나의 관점만으로 살아가고 있으며, 그들에게는 그것에 의해 인도된 세계 말고 다른 세계란 없습니다.

귀신은 없어. 왜냐하면 안 보이거든.

귀신은 원래 안 보이는 거야.

과학자 갈릴레이는 객관적인 방법론을 통해 진리를 발견하는 자가 아니었습니다.

그는 그만의 방식으로 그 나름의 진리를 생산한 것입니다.

그럼 당신은 과학에서 상대주의를 옹호하는 겁니까?

아닙니다.

저는 단순한 상대주의를 말하려는 것이 아닙니다.

갈릴레이의 과학적 작업은 동료 과학자들을 설득해 공동체를 이루고, 그 속에서 이론에 대한 믿음과 가능성을 함께 공유하는 가운데 이루어집니다.

이러한 과정 속에서 소위 근대과학이라는 새로운 진리와 경험이 생산되며 그것이 실제로 작동하는 새로운 세계가 창조되는 것이죠.

'과학은 어떻게 발전하는가'에 대한 저의 대답은

'과학 발전에는 일정한 구조가 있다'입니다.

과학발전사를 보면 하나의 패러다임 속에서 퍼즐을 푸는 정상과학의 시기가 존재합니다.

그러다 어느 순간 정상과학 안에 이상현상이 발생하고, 그 문제가 커져 기존 패러다임의 위기를 초래합니다.

난립한 대안들 가운데 하나가 선택되고, 그것이 새로운 패러다임을 형성합니다. 이 시기가 혁명입니다.

그리고 새로운 패러다임이 또다시 정상과학의 시기를 만듭니다.

혁명은 매번 이전 시기와 단절하면서 도약합니다. 그래서 과학은 단절적으로 발전한다고 말할 수 있는 것입니다.

위기

이상현상 출현

새로운 정상과학

정상과학

패러다임 전환(혁명)

이상이 제가 그리고 있는 과학 발전의 법칙입니다. 강의를 들어 주셔서 감사합니다.

짝 짝 짝

휴우

1960년 10월

네? 존스홉킨스 대학이라고요?

네, 좀더 생각해
보고 결정하겠습니다.

딸깍.

과학사 프로그램을
만든단 말이지.
어떻게 한다…?

일단 페퍼 교수님께
말씀드려야겠군.

교수님, 존스홉킨스에서 과학사
정교수 자리를 제안했습니다.

오~ 그런가?

헌데 어떻게
하면 좋을까요?

아시다시피 저로선
연구에 매진할 수 있는
환경이 중요합니다.

버클리 철학과에 과학사 분과가
만들어져야 합니다. 임용기간이
보장되는 정교수직이어야
하고요. 함께 연구할 다른 동료
과학사학자도 필요합니다.

나라면 좀 기다려
보겠네. 여기서도
정교수로 승진할
시기 아닌가?

연구에 시간을 투여하려면 강의 시간을 줄여야 합니다.

그리고 철학과의 박사 졸업시험에 과학사 과목도 넣어 주셨으면 합니다.

이 점을 약속해 주신다면, 버클리에 남겠습니다.

하하, 내 그 점은 꼭 염두에 두고 있겠네.

그렇다면 존스홉킨스에서 온 제안은 거절하겠습니다.

하지만 몇 달 후 쿤은 충격적인 소식을 들었다.

그가 바라던 철학과 정교수직 승진에서는 탈락하고, 대신 사학과 정교수로 승진한 것이었다.

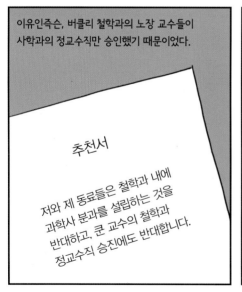

이유인즉슨, 버클리 철학과의 노장 교수들이 사학과의 정교수직만 승인했기 때문이었다.

추천서

저와 제 동료들은 철학과 내에 과학사 분과를 설립하는 것을 반대하고, 쿤 교수의 철학과 정교수직 승진에도 반대합니다.

쿤 박사는 철학자로서의 이력이 약합니다.

과학사 좀 연구한 것을 가지고 철학과에 임용하기에는 무리가 있습니다. 과학사가 무슨 철학인가요?

철학과에서는 쿤이 무엇 때문에 승진심사에서 탈락했는지 아무런 해명도 하지 않았다. 어찌 보면 당연했다. 그런 결과는 철학과의 노장 교수들이 자신의 분과를 지키려는 폐쇄성에서 나온 것이었기 때문이다.

평소 과학사 연구에 기반한 과학철학을 꿈꿔 왔던 쿤에게는 청천벽력 같은 소리였다.

철학과와 사학과에서 동시에 승진되길 바랐는데 그러기는커녕

이건 에덴동산에서 추방된 기분이군….

어쩔 수 없지. 이미 존스홉킨스의 제안은 거절해 버렸고, 사학과에서 연구를 하는 수밖에.

쿤은 『구조』의 원고가 완성되자 다른 학자들에게 보냈다.

다른 사람들의 평가를 듣고 싶어.

우선 나를 과학사 연구로 이끌어 준 코넌트 교수님.

둑

그리고 얼마 전 로렌스 방사능 연구소로 옮겨간 피에르 노이즈.

계속 나의 작업을 지켜보았으니 결과를 궁금해하겠지.

여보.

코넌트 교수님과 노이즈 교수에게서 편지가 왔어요.

오!

드디어 내 글에 대한 평가가 도착했군.

● **피에르 노이즈**(Pierre Noyes, 1923~) 미국의 핵물리학자. 하버드대학에서 물리학을 공부하고 버클리에서 이론물리학으로 박사학위를 받았다. 하버드 시절부터 쿤의 동료였으며, 쿤이 버클리에 있을 때에도 교류를 이어 왔다. 쿤이 사망한 이후, 그의 부고를 썼다.

좋지 않나요?

흠, 역시 '패러다임'이라는 말이 문제라는군요. "모든 것을 설명하는 마법의 단어."

너무 변화무쌍하게 사용했데요. 전체적으로도 부정적인 평가를 하고 있네요.

노이즈 교수님은요?

한 문장으로 요약하는 구절이 있는데… "아직 지적 경탄성에 준비가 되지 않았다."

무슨 뜻이에요?

잘 이해하지 못하겠다는 뜻이겠지요. 어쨌든 잘 받아들여지지 않은 모양이야….

힘내요.

스탠리!

코넌트 교수님과 피에르, 둘 다 우호적이지 않았다네. 자네는 내 글을 어떻게 보았는가?

나쁘지 않았어. 나 역시 의문점이 없지는 않지만 과학사에 새로운 시도를 한다는 것에 놀랐다네.

힘내게. 분명히 앞으로 자네의 책이 주목받게 될걸세. 나는 꼭 그렇게 되리라 믿고 있다네.

고맙네, 스탠리.

쿤은 훗날 인터뷰에서 버클리에서 마음이 맞았던 동료는 스탠리뿐이었다고 회고한다.

한편, 버클리에는 기이한 수업 방식으로 유명한 과학철학자가 있었다.

파이어아벤트 교수님, 오늘은 특별한 수업을 한다고 하시지 않았나요?

그래요. 아주 특별한 수업이 될 겁니다.

저와 함께 강의를 해주실 분은 점성술사입니다.

저는 요즘 이분한테 상담도 받고 있지요.

오늘 수업은 점성술사와 과학을 배우는 여러분이 대화하는 시간이 될 것입니다.

점성술은 현대에 와서 무슨 쓸모가 있나요? 그건 매우 비합리적이며 비과학적이지 않습니까?

한 학생의 질문으로 점성술사와 파이어아벤트, 그리고 학생들의 토론이 시작되었다.

몇 시간 후

저는 과학적 방법과 지식의 절대성과 우월성을 고집하는 것은 매우 바람직하지 못하다고 생각합니다.

과학이 점성술이나 신화보다, 현대의학이 침술이나 심령술보다 우월한 지식일 수 없습니다.

단지 과학은 오랜 기간 형성된 역사적 지식일 뿐입니다.

그렇다고 해서, 우리가 과학 말고 침술, 점성술, 심령술을 고집할 필요는 없겠죠.

이 역시 과학만 고집하는 것과 마찬가지로 불합리한 것일 테니까요.

그렇다면 우리는 과학, 심령술, 점성술, 침술에 대해 어떤 생각을 가져야 하나요? 무언가 혼란스럽지 않을까요?

아뇨! 전혀요.

우리가 가질 수 있는 유일한 방법은 "무엇이든 좋다 (anything goes)"이지요.

과학을 풍요롭게 하기 위해서라면 말이죠.

파울 파이어아벤트
(Paul Feyerabend,
1924~1994)

그는 오스트리아 빈 출신의 과학철학자로,
독특하면서도 중요한 사상을 전개했는데, 특히
과학이 갖는 독단주의를 부수기 위해 노력했다.

그는 과학과 비과학 사이에 우열의 위계는 존재하지
않으며, 어느 것이든 더 나은 삶을 위해서 이용할 수
있다고 생각했다.

그의 특이한 수업방식은
버클리에서 유명했다. 점성술사나
창조론자들을 강의에 초대해 과학과
지식에 대해 함께 토론하기를 즐겼다.

폴! 아주 멋진
수업이었네.

오~ 쿤 교수,
고맙네.

자네 내가 준
『과학혁명의 구조』라는
원고는 읽어 보았나?

읽었네. 놀랍더군.
완전히 새로운 과학을
만들어냈더구먼.

의외로군.
자네라면 굉장히
비판적일 줄 알았는데.

하하. 정확해.
몇몇 부분에서는 전혀
동의할 수 없었네.

정확히
어떤 부분이
문제였지?

자네 주장 밑에는 어떤 이데올로기가 있는 것 같네.

흠… 좀더 구체적으로 말해 주지 않겠나?

편협한 생각을 가진 전문가들을 옹호하고 있단 말일세.

나는 그 '정상과학'이라는 것이 문제라고 생각하네.

우선, 실제로 '정상과학'의 상태가 있었는지 의심스럽네.

모든 과학자들이 과학의 방법과 목표, 세계관에 있어서 일치하는 시기, 그런 것이 정말 존재했고 지금도 있을까?

언제나 다른 방법과 목표를 가진 과학자들이 있었을 거란 이야기지?

그렇다네. 모든 사람이 똑같이 생각하고 같은 것에 동의할 수는 없어.

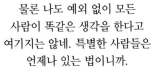

물론 나도 예외 없이 모든 사람이 똑같은 생각을 한다고 여기지는 않네. 특별한 사람들은 언제나 있는 법이니까.

하지만 기본적으로 과학을 한다고 할 때, 공통적으로 가지고 있는 감각이나 생각이 있지 않겠나?

지금 같은 시대에는 누구도 원자핵이나 전자의 존재를 의심하지 않네. 그런 사람은 과학자가 될 수 없지. 나는 그런 점을 지적하고 싶었던 걸세.

아니지. 여전히 원자의 존재는 의문에 붙여져 있네. 다만 대부분 그것을 생각하지 못할 뿐이지. 원자의 역사를 조금만 공부해 본 사람이라면 누구든지 의문을 가질 수 있어.

결국 내 말은 역사를 이렇게 도식적으로 나타낼 수 있는가 하는 점일세. 과학 발전의 일반적 모델을 찾는다는 생각 자체가 이상하다는 뜻이네.

정상과학이라는 개념이 의심스럽다 보니, 그것을 통해 이야기하려는 것도 이해가 안 되었네.

즉 과학의 실제 역사를 쓴 것인지 아니면 자네가 기대하는 과학의 이미지를 쓴 것인지 구분이 힘들다는 뜻일세.

정상과학 시기에는 과학자들이 퍼즐 풀이를 한다고 했었지?

다른 것을 보지 않고 지극히 전문적인 사안에만 몰두하는 것이 새로운 과학에 도움이 된다는 부분 말일세.

그렇다면 과학혁명이 있었던 17세기 이래로 과학자들이 그렇게 연구를 했다는 뜻이겠지?

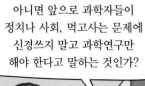

아니면 앞으로 과학자들이 정치나 사회, 먹고사는 문제에 신경쓰지 말고 과학연구만 해야 한다고 말하는 것인가?

그래야 발전이 가능하니까. 나아가 과학자들이 그렇게 하도록 정부 지원이나 사회의 보호가 필요하다는 말인가?

나는 자네 글에 역사적 서술과 주장이 섞여 있다고 느꼈네.

나는 기본적으로 역사적 서술을 한 것일세. 다양한 자연현상에서 물리 법칙을 찾듯, 역사 속에서 구조적 법칙을 찾은 것이라네.

자네의 생각대로 거기서 과학자의 태도나 정부 지원의 당위성 같은 것들을 이끌어낼 수 있다고 해도, 그것을 의도하고 쓴 것은 아니야.

객관적인 입장에서 썼다는 말이네.

완전히 객관적인 것이 가능할까? 아무리 역사의 법칙이라고 해도, 어쨌든 거기에는 역사가의 관점과 문제의식, 정치적 입장이 들어갈 수밖에 없네.

자네는 역사의 법칙을 단지 보고 썼을 뿐이라는 말로 자네의 입장을 감추고 있네. 그런 점이 아주 교묘하고 고약하다는 것이네.

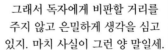

그래서 독자에게 비판할 거리를 주지 않고 은밀하게 생각을 심고 있지. 마치 사실이 그런 양 말일세.

………

알겠네. 그런 점들을 좀더 수정하도록 하지. 또 다른 점은 없나?

마지막인데, 이게 제일 중요한 걸세. 정상과학이 갖고 있는 도그마적인 면에 대해서는 어떻게 생각하나?

정상과학의 도그마적 성격? 과학자들이 주어진 패러다임을 비판 없이 그대로 받아들인다는 점을 뜻하는 것인가?

그렇네. 심지어 자네 말대로라면 그렇게 해야지만 '과학자'라는 이름을 얻을 수 있지.

나는 언어가 그렇다고 생각하네. 우리가 말을 하기 위해서는 일단 언어를 배워야 하지.

그런데 말을 배우는 것을 보고 독단적이라고 하는 건 좀 우스꽝스러운 것 같은데.

중요한 건 자네가 '과학 발전'이라는 목표를 설정해 놓고, 과학의 다양한 요소들을 이 목표를 위해 어떤 기능을 수행하는지에 따라 평가한다는 것이네.

독단주의는 물론 경계해야지. 하지만 그것이 과학 발전에 일정한 역할을 하는 이상, 그것은 긍정적인 것이네. 과학혁명을 일으키는 필수요소이니까.

전문가들이 갖는 권위주의나 독단주의가 지식 발전을 가져온다? 뭔가 이상하지 않은가?

나는 그것을 독단주의나 권위주의라고 생각하지 않네.

나는 전문가들의 권위, 독단주의야말로 자유로운 지식의 발전을 저해하는 가장 큰 원인이라 생각하기 때문에,

자네 글에서 그 이야기가 가장 참을 수 없었던 부분이었네.

들어와서 차 한잔 하고 가게.

아닐세. 고마웠네.
난 자네 이야기를 잊어버리기
전에 내 연구실에 가야겠네.

쪼르르

………

그 뒤로도 쿤과 파이어아벤트는
자주 서로의 생각을 나눴다.

하지만 파이어아벤트는
언제나 같은 주제로 돌아갔고,

쿤은 그의 반복되는
이야기에 지칠 정도였다.

쿤이 프린스턴대학으로
떠나고 난 후, 파이어아벤트도
버클리를 떠났다.

그럼에도 쿤은 『구조』 머리말에서 파이어아벤트에 대한 감사의 인사를 빠뜨리지 않았다. 그들이 버클리에서 함께한 시간은 몇 년에 지나지 않았지만, 좋은 교우관계를 유지하면서 서로 많은 영향을 주고받았다.

『과학혁명의 구조』는 1962년에 출판되었다.

머리말
여기에 실린 에세이는 거의 15년이 전에 착상했던 프로젝트에 대한 완성본이다. …
이 에세이의 최종단계는 스탠퍼드 행동과학연구소의 초청을 받아 거기서 보낸 시기에 착수되었다. …
우선 처음으로 나에게 과학사를 소개하고 그럼으로써 과학 발전의 성격에 대한 나의 관념을 변화시키는 계기를 마련해 준 사람은 하버드대학 총장이었던 제임스 코넌트였다. 그에게 감사한 내게 격려와 조언, 가감없는 비판을 해주셨다. 그에게 감사한다. 스탠리 카벨은 내게 늘상 자극과 격려가 되어 주었다. 그는 내가 불완전한 문장으로 나의 생각들을 꺼내놓을 수 있었던 유일한 인물이었다. …
버클리의 파울 파이어아벤트, 컬럼비아의 어니스트 나겔, 로렌스 방사능 연구소의 피에르 노이즈, 그리고 나의 학생인 존 헤 ⋯⋯들에게 특히 감사를 드린다.

원래는 『국제 통합과학 백과사전』의 제2권 2호로 먼저 출간되었지만, 이 시리즈는 전문가들을 위한 간행물이었기 때문에 대중적으로 알려지지 않았다.

이에 쿤은 시카고대학 출판부에 『구조』가 단행본으로도 출간되도록 요청한 것이었다. 하지만 『구조』는 출판 초기에 주목을 받지 못했다.

아리스토텔레스의
코스모스적 세계와 운동론

갈릴레오가 지동설을 주장하던 과학의 변혁기에 사람들은 아리스토텔레스의 자연학과 이에 기반한 프톨레마이오스의 천문학이 그리는 세계 속에 살고 있었다. 이 세계는 코스모스적 세계다. 코스모스(cosmos)란 질서정연한 세계를 의미하며, 카오스에 대립한다. 또한 이 세계는 유한하다. 세계가 유한하다는 것은 그 세계 속에 모든 것이 존재하며, 그 바깥에는 아무것도 존재할 수 없다는 뜻이다. 존재하는 모든 것은 이 세계의 질서에 따라 본성을 부여받고 그에 맞는 운동양식을 갖는다. 이렇게 본성에 따른 운동은 '자연스러운 운동'이다. 이 질서정연하고 유한한 우주라는 관념은 물체가 어떻게 운동하는지, 왜 운동하는지에 대해 설명할 수 있었다.

하지만 코스모스적 우주관과 부합하지 않는 몇 가지 현상들이 존재했다. 그중 하나가 바로 '투척'의 문제였다. 코스모스적 세계에서 공중으로 던져진 물체는 우주의 절대적 중심인 지구를 향해 움직인다. 즉 땅으로 수직 낙하한다. 헌데 실제로는 그렇지 않다. 물체는 앞으로 나아가면서 포물선을 그리며 떨어지는 게 문제였다.

물체가 땅으로 곤두박질치는 것은 그것의 본성에 따른 자연스러운 운동이다. 물체의 본성이 낙하운동의 원인으로 작용한다는 말이다. 그런데 포물선 운동은 물체의 본성에 의거한 운동이 아니다. 모든 운동에는 그것을 야기하는 동인이 있다. 아리스토텔레스는 그 원인을 찾으려 고심했다.

지동설이 옳다면 공중으로 투척한 물체나 쏘아올린 대포알은 지구의 회전운동에 영향을 받을 것이라고 보고 사람들은 목판화와 같은 대포 실험을 제안하기도 했다.

맨 처음 돌이 던져지는 순간, 돌은 손과의 접촉을 통해 움직인다. 하지만 일단 손을 떠난 돌은 어떤 힘에 의해 운동하는 걸까? 아무런 접촉도 없이 원격작용에 의해 움직이는 것은 불가능하다. 아리스토텔레스의 생각대로라면, 돌은 던져지자마자 땅으로 떨어져야 한다. 아리스토텔레스는 이 문제를 '진공은 존재하지 않는다'라는 전제와 매질입자의 작용을 통해 해결한다.

처음에는 손에 의해서, 그 다음에는 공기에 의해서 돌은 앞으로 나아간다. 공기에 의해서 돌이 움직인다고? 아리스토텔레스의 설명은 이렇다. 돌은 공기를 밀면서 나아간다. 나아가는 순간 뒷부분에는 진공이 생긴다. 하지만 자연은 진공을 부정하기 때문에 순식간에 그 빈 자리를 공기 입자가 채우고, 그렇게 채워진 입자들이 돌을 밀고 나간다.

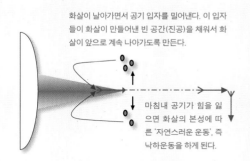

화살이 날아가면서 공기 입자를 밀어낸다. 이 입자들이 화살이 만들어낸 빈 공간(진공)을 채워서 화살이 앞으로 계속 나아가도록 만든다.

마침내 공기가 힘을 잃으면 화살의 본성에 따른 '자연스러운 운동', 즉 낙하운동을 하게 된다.

아리스토텔레스의 '진공 부정'에 따라 투척한 물체의 운동을 개념적으로 도식화한 그림이다.

아리스토텔레스는 이러한 방식으로 투척의 문제를 설명해냈다. 어떤가? 이 설명이 터무니없게 느껴지는가? 우리는 '진공 부정'이라는 아리스토텔레스의 대전제에 의아해할 것이다. 어떻게 그는 진공이 없다는 걸 알았을까 물으면서. 하지만 진공 부정이라는 원칙은 아리스토텔레스에 의하면 너무나 당연한 것이었다. 진공은 코스모스적 질서 관념과 양립하지 않기 때문이다. 진공 속에는 어떤 방향성도 없다. 즉 자연스러운 장소가 존재하지 않는 것이다. 이것은 모든 공간이 꽉 채워져 있으며 질서 잡힌 코스모스 세계에서는 말도 안 되는 일이었다.

아리스토텔레스는 『자연학』에서 좀더 정밀하게 진공을 부정하는 논증을 제시하기까지 한다. 그는 '무게가 같은 물체는 서로 다른 매질에서 운동할 경우, 그 물체의 속도는 그 밀도에 반비례한다'는 전제를 제시한다. 이 전제하에서 만약 진공이 존재한다면, 물체는 매질의 방해를 받지 않기 때문에, 무한한 속도, 즉 시간이 걸리지 않은 운동을 하게 된다. 그런 운동은 순간이동 말고는 없다. 따라서 진공은 부정된다. 아리스토텔레스의 논증과 운동에 대한 설명은 논리적으로 아무런 문제가 없다.

아리스토텔레스의 설명이 과학의 최첨단을 달리는 시대에 사는 우리에게 터무니없어 보이는 것은 당연하다. 그가 가졌던 자연관이 오류이며 완전히 틀렸다고 생각하는 것도 자연스럽다. 하지만 이러한 판단과 입장을 고수하는 한 우리는 중세인의 세계관의 토대로서 수백 년이나 지속된 아리스토텔레스의 자연학을 이해해 볼 기회를 놓치게 되는 것이다. 이것만은 분명히 알아 두자. 아리스토텔레스의 자연학은 분명 시대에 뒤떨어졌지만, 하나의 자연학이다. 또 근대과학의 체계와 같이 수학적인 방식은 아니더라도 고도로 다듬어진 정교한 이론체계다. 그것은 유치한 공상도 아니고, 세상 사람들의 공통된 의견을 그저 집대성한 것도 아니다. 그것은 수미일관하고, 엄밀하게 마름질된 하나의 학설이자, 장엄한 세계관이다.

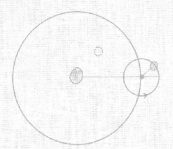

Scientific Revolutions

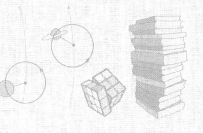

6

양자역학에
관한 대화들

1960년 11월, 시카고. 미국물리학회와 미국과학철학회가 공동 개최한 회의가 열렸다.

미국물리학회에서는 칼 대로, 조지 울렌벡, 존 반 블렉이 참석했고

미국과학철학회에서는 조지 W. 코너, 리처드 H. 셜록, 존 A. 휠러가 참석했다.

20세기 초반, 물리학은 획기적으로 발전했습니다. 그 중심에는 양자역학이 있었습니다.

1900년 플랑크의 양자론을 시작으로, 1905년엔 아인슈타인의 상대성이론, 1920년대에는 양자역학의 탄생과 발전을 목격했죠.

이는 지성사의 위대한 혁명이라고도 말할 수 있습니다. 그런데 이러한 혁명을 이끌고 주도한 천재들이 세월의 흐름 속에서 사라져 가고 있습니다.

맞아요. 아인슈타인 박사가 1955년에 돌아가셨고, 57년엔 폰 노이만, 59년엔 파울리 박사가 돌아가셨죠.

슈뢰딩거 박사도 위독하다고 합니다.

더 이상 시간을 지체한다면, 양자역학의 산 증인들의 통찰력과 양자역학의 발전 과정에 대한 귀중한 경험은 희미해지고 말 것입니다.

게다가 요즘 젊은 과학자들을 보면, 양자역학을 마치 계산 도구로만 활용하고 있습니다. 그들은 이미 완성된 양자역학을 잘 정리된 교과서로 습득하면 그만이기 때문입니다.

이론 자체에 대한 심오한 이해나 통찰력은 가지고 있지 않지요. 이는 20세기 물리학이 어떤 위기에 있었고, 그 이론의 창시자들이 무얼 고민했으며, 어떤 방식으로 문제를 풀어 나갔는지 알지 못하기 때문입니다.

역사를 잘 알지 못하기 때문에 이론의 중요한 포인트를 놓치고 있습니다.

그것이 교과서의 문제점이겠죠. 그것만 보아서는 고민의 흔적을 발견하기가 쉽지 않습니다.

더 늦기 전에 양자역학의 역사를 기록해야만 합니다.

그 일은 어느 한 개인이, 한 대학이 할 수 있는 일이 아닙니다. 매우 방대한 일입니다.

우리가 이 자리에 모이게 된 것도 힘을 모아 거대한 프로젝트를 수행하기 위해서입니다.

모두들 양자역학의 역사를 기록하는 데 힘을 보태 주세요.

물리학회와 철학회로 구성된 합동위원회를 꾸리고, 양자역학의 역사를 연구하는 프로젝트를 진행하도록 하겠습니다.

이로써 미국 연방정부의 과학진흥기구인 국립과학재단(NSF)의 재정지원을 받는 AHQP* 프로젝트가 발족되었다.

● Archive for the History of Quantum Physics

1961년 1월

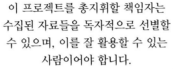

이 프로젝트를 총지휘할 책임자는 수집된 자료들을 독자적으로 선별할 수 있으며, 이를 잘 활용할 수 있는 사람이어야 합니다.

또한 수준 높은 역사적 식견이 필요하기도 하고요.

양자역학에 대한 전문 지식을 가진 사람이기도 해야 하죠.

이 프로젝트가 단기간에 끝날 것 같지 않으니, 첫 책임자는 다른 사람들을 가르칠 수 있는 능력도 있어야 해요.

즉 과학의 역사를 오랜 기간 가르친 경력이 있어야 한다는 것이죠.

프로젝트의 계획안을 쓰는 걸 도와줬던 쿤 박사는 어떤가요? 그는 UC버클리에서 과학사를 가르치고 있고, 요즘 과학혁명에 관한 책을 쓰고 있다고 들었어요.

그의 박사학위를 제가 지도했는데 그는 양자역학에 대해서도 잘 알죠.

그렇다면 그의 스승이신 반 블렉 박사님이 직접 제안해 보시겠습니까?

알겠습니다.

며칠 후

네?

저 보고 AHQP 프로젝트 총책임을 맡으라고요?

그래. 자네만 한 적임자가 없다고 위원회에서 결정 내렸네.

마침 원고도 끝냈다고 하니, 이번 기회를 꼭 잡도록 하게.

그렇습니까? 그렇게 된다면 저로서는 큰 영광입니다. 긍정적으로 생각해 보겠습니다.

올 3월에 위원회 정기 회의가 열리니까, 그때 다시 전화하겠네.

1961년 3월 중순, 반 블렉은 버클리에 방문해서 쿤에게 이 기회를 꼭 잡을 것을 다시 한 번 강조했다.

그해 3월말, 필라델피아에서 열린 2차 AHQP 정기총회에서 쿤은 이 프로젝트의 총책임자로 임명되었다.

AHQP 프로젝트는 양자역학의 탄생과 발전에 공헌한 과학자들이 쓴 미출간 편지와 비망록,
그들과의 인터뷰 기록을 모아서 자료저장소(archive)를 만드는 것이 목적이었다. 프로젝트가
제안된 배경에는 아인슈타인, 폰 노이먼, 슈뢰딩거 같은 걸출한 물리학자들의 죽음이 있었다.
과학자들은 이들의 죽음이 어떤 의미를 지니는지 깨닫기 시작했다.

그것은 양자역학의 탄생과 발전 과정에서 일어났던 중요한 사건들은 물론, 천재적인 발상과 사유 과정,
함께 나누었던 대화의 기록 등 모든 것이 사라진다는 것을 의미했다. 이는 그동안 출판된 원고를 통해서는
알아내기 어려운 것이었다. 이에 과학자와 철학자로 구성된 합동위원회는 양자역학의 역사와 관련된 거의
모든 기록과 사진 들을 모으기로 결정했던 것이다.

프로젝트의 첫 결실은 『양자역학의 역사의 기록』(Source for the History of Quantum Physics, 1967)
이라는 보고서로 출간되었다. 여기에는 프로젝트가 어떻게 시작되었고, 어떻게 진행되었는지, 총책임자를
어떻게 선정했는지를 포함해, 여러 물리학자들을 인터뷰한 소중한 기록들이 망라되어 있다.
쿤은 1961년부터 1964년까지 4년 여에 걸쳐 이 작업을 수행했고, 여러 인터뷰를 진행했다.
프로젝트는 이후에도 계속 이어져 1972년 완료되었다.

쿤의 연구실

교수님,
양자역학의 혁명가들을
만나신다면서요?

존*,
이제 오나?

그렇게 됐네.
앞으로의 연구에
많은 도움이
될 것 같아.

● **존 헤일브론**(John Lewis Heilbron, 1934~) 미국의 과학사학자. 물리학사와 천문학사 연구로 유명하다. 쿤이 버클리에 있을 때 지도하던 대학원생이었다. 쿤과 함께 양자역학의 과학자들을 인터뷰했으며, 『원자의 기원』(Genesis of Atom)을 공동 집필하기도 했다. 현재 버클리 종신명예교수로 있다.

1962년 10월 31일, 덴마크 코펜하겐의 칼스버그

쿤은 『구조』에서 과학혁명을 강조했으며, 그 근거 중에는 양자역학의 이야기도 일부 들어 있었다.

AHQP 프로젝트의 총책임자가 되면서는 직접 과학의 혁명가들과 만나게 된 것이었다.

여기가 보어연구소인가?

긴장이 되는군. 말로만 듣던 보어 선생님을 만나다니.

자네 혹시 쿤 박사 아닌가?

아, 로젠펠트* 박사님! 안녕하세요? 토머스 쿤이라고 합니다.

반갑네. 보어 선생님을 인터뷰한다고? 내가 안내해 줌세.

최근 선생님의 건강이 그다지 좋지 못하다네. 그래서 나도 통 뵙지를 못했지.

뚝뚝

그랬군요.

잘 지내셨습니까, 선생님?

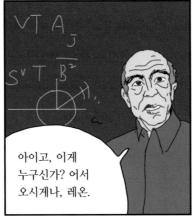

아이고, 이게 누구신가? 어서 오시게나, 레온.

이분이 쿤 박사신가?

• **레온 로젠펠트**(Léon Rosenfeld, 1904~1974) 벨기에 물리학자. 1926년, 그는 물리학자 닐스 보어의 공동 연구자였고, 양자전기역학(QED)의 발전 초기에 지대한 영향을 미쳤다. 소립자 중 하나인 렙톤을 명명하기도 했다.

안녕하세요. 보어 선생님. 금세기 위대한 과학자 중 한 분을 만나게 되어 영광입니다.

허허, 과찬이오. 여기 레온이야말로 양자역학의 살아 있는 역사라네.

하하. 전 선생님의 인터뷰 현장에 참석하는 것으로 만족합니다.

여기 있는 모두가 양자역학의 산 증인들 아니겠나?

인사하시게. 이쪽은 나와 함께 일하는 루딩거° 박사와 페터슨 박사°네.

안녕하세요, UC버클리의 토머스 쿤입니다.

반갑습니다.

보어 선생님의 업적이라면 양자론으로 전자의 궤도 문제를 해명함으로써 양자역학이 발전하는 데 중요한 전환점을 마련하신 것이지요.

당시 원자론은 어떤 문제에 직면해 있었나요?

- **에릭 루딩거(Erik Rüdinger, 1934~2007)** 덴마크 물리학자. 1962년부터 보어가 작고할 때까지 그의 조교로 있으면서, 1963년 '닐스 보어 전집'의 첫 번째 편집자인 레온 로젠펠트의 지도하에 닐스보어 기록보관소(NBA: Niels Bohr Archive)에서 일했다. 1977년부터는 로젠펠트를 이어받아 NBA의 편집자로 일했다.
- **오게 페터슨(Aage Petersen, 1927~)** 1952년부터 1962년까지 보어의 조교였다. 1962년, 쿤, 로젠펠트, 루딩거와 함께 보어 인터뷰에 참여했다.

허허. 그때를 말하는군. 이젠 오래된 이야기네.

1911년, 영국 케임브리지 캐번디시연구소

내가 런던에 온 것은 스물여섯 살 때였어. 그곳에서 당대 최고의 과학자, 톰슨° 경의 조수로 지냈다네.

당시엔 톰슨의 원자모형이 있었지.

전자는 마이너스 전하를 띠고, 아주 가볍다는 것이 밝혀졌습니다.

그런데 우리가 알고 있는 원자는 전기적으로 중성이지요. 그렇다면 원자 안에는 전자의 마이너스를 상쇄시킬 플러스 전하가 있어야 하지 않겠습니까?

그럴 겁니다. 그런데 과연 그 플러스 전하를 띤 물질은 원자 안에 어떤 모습으로 있나요?

좋은 질문이네, 러더퍼드°. 나는 플러스 전하를 가진 물질이 원자 내부에 넓게 퍼져 있고, 그 사이사이에 전자가 박혀 있다고 결론지었네.

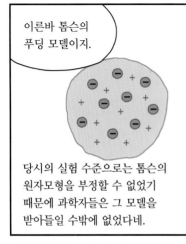

이른바 톰슨의 푸딩 모델이지.

당시의 실험 수준으로는 톰슨의 원자모형을 부정할 수 없었기 때문에 과학자들은 그 모델을 받아들일 수밖에 없었다네.

하지만 러더퍼드가 새로운 것을 발견해냈지.

러더퍼드는 나보다 14살이나 많았지만, 우리는 금방 친해졌다네.

축구는 제가 좀더 잘하는 것 같네요.

하하, 이 친구.

● **조지프 톰슨(Joseph John Thomson, 1856~1940)** 영국의 물리학자. 최초로 전자를 발견했다. 원자의 내부 구조를 제안하는 모델로서, 일명 푸딩 모델이라고도 하는 원자모형을 주장했다. 1906년 노벨상을 수상했다.

● **어니스트 러더퍼드(Ernest Rutherford, 1871~1937)** 방사선 연구로 여러 새로운 사실들을 발견하여 핵물리학의 아버지로 불린다. 가이거-마스던 실험을 설계하여 원자핵을 발견함에 따라 원자핵을 중앙에 두는 행성 모델을 제시했다.

아마 저녁식사 시간이었을 거야. 러더퍼드가 사진 한 장을 들고 왔지.

닐스, 이것 좀 봐!

얼마 전 조교들과 함께 알파입자를 얇은 금박에다 쏘는 실험을 했거든.

그런데 만 개의 입자 중 한두 개 정도의 알파입자가 튕겨져 나왔어! 이게 말이 돼?

아니! 그게 정말입니까?

호들갑 떨 만도 했지. 알파입자는 헬륨에서 전자를 제거하고 남은 부분을 말하네. 원자에서 전자의 질량은 매우 미미하기 때문에 전자가 제거되었어도 알파입자는 밀도가 높고 무거운 물질이라고 볼 수 있지.

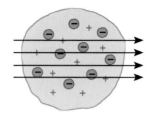

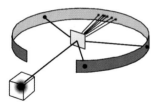

알파입자는 당연히 얇은 금박(원자들)을 뚫고 나가야 하네. 톰슨의 원자모형이 맞다면 금박을 관통해야 하는 거야.

그런데 놀랍게도 알파입자 중 몇 개가 도로 튕겨 나왔지. 러더퍼드의 비유가 적절했어. "휴지에 대포를 쏘았는데 대포알이 튕겨 나왔다."

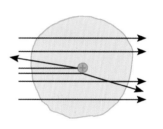

물리학사의 그 유명한 가이거-마스던 실험[•]이 그렇게 이뤄졌군요.

그렇지. 그 실험이 원자 구조에 대한 설명을 완전히 바꿔 놓은 계기가 되었으니.

어쨌든, 이 실험을 계기로 러더퍼드는 톰슨과 다른, 자신의 원자모형을 세웠다네. 바로 행성 모델이지.

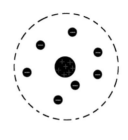

하지만 거기에도 심각한 문제가 있었죠?

● **가이거-마스던 실험** 러더퍼드의 알파입자 산란 실험이라고도 한다. 러더퍼드가 맨체스터대학의 물리학연구소를 책임지고 있을 때 한스 가이거와 어니스트 마스던에게 제안하여 1908~1913에 걸쳐 수행한 실험이다.

그렇다네.

모델을 세웠다지만, 역시 문제는 전자의 움직임이었지. 전자가 원자핵 주변을 돌고 있으면 에너지를 잃을 수밖에 없거든.

그러면 에너지를 잃은 전자는 원자핵의 강력한 힘에 이끌려 원자핵으로 추락할 수밖에 없어.

원자는 생성되는 순간, 1초도 버티지 못하고 붕괴하고 말 거야.

그렇다면 전자는 에너지를 잃지도 않으면서 원자의 가장자리에서 원운동을 하고 있어야 하는데…

운동은 하는데 에너지를 잃지 않는 건 뉴턴역학에서 불가능해.

뭔가 방법이 있을 거예요. 반드시. 그렇지 않다면 실험과 이토록 잘 맞을 리가 없어요.

당시 난 이 문제를 해결할 실마리를 찾고 있었네.

그러다 플랑크와 아인슈타인의 논문을 접하게 되었지.

저도 믿을 수 없지만, 에너지가 양자화되어 있다고 생각할 수밖에 없습니다.

빛은 양자로 이루어져 있습니다. 이미 플랑크가 수년 전 제안한 바이죠.

플랑크와 아인슈타인의 연구는 내게 충격이었지. 에너지의 양자화, 그건 에너지가 파동처럼 연속적으로 방출되지 않고 띄엄띄엄 나온다는 뜻이거든. 난 이것을 원자모형에도 적용해 보려고 했어.

세 가지 가설을 세워 봤어요. 하나는, 전자가 원자 안에서 궤도를 돌고 있는데, 그 궤도를 돌고 있을 때는 에너지를 방출하지 않는다.

둘, 전자가 한 궤도에서 다른 궤도로 점프할 때 빛에너지가 방출 또는 흡수된다.

마지막으로 전자가 궤도를 돌 때에는 고전역학을 따른다.

자네 얘기는 지금까지의 물리학으로는 상상할 수 없는 가설이야. 그게 옳다는 것은 지금껏 해온 뉴턴 이후의 물리학 전체를 부정하는 것이라고.

하지만 잘 생각해 보세요. 이 방법뿐입니다. 이렇게 해야만 원자 구조와 실험 결과, 둘 다 제대로 설명할 수 있어요.

러더퍼드는 잘 받아들이지 못했지. 하지만 그도 끝내 수긍할 수밖에 없었네. 실험 결과들을 설명할 수 있는 건 그것뿐이었으니까.

이해한 건 아니었지만, 일단 나의 가설을 받아들였던 거지. 말이 안 되지만 받아들이고 나면, 설명이 되었으니까.

됐다!

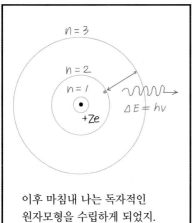

이후 마침내 나는 독자적인 원자모형을 수립하게 되었지.

보어의 원자모형은 기존 고전역학으로는 설명할 수 없는 것이었다.

전자가 궤도와 궤도를 도약하며 이동한다는 점이나, 궤도를 따라 운동할 때 에너지 손실이 없다는 점은 받아들이기 어려웠다. 그러나 그는 자신의 모델을 밀고 나가서 결국 물리학적 한계를 뛰어넘었다. 보어를 기점으로 비로소 양자역학은 시작되었다.

그 가설들이야말로 혁명적이었죠. 기존의 고전역학으로는 불가능한 가설을 제시했으니까요.

그 지점에서 궁금합니다. 특히 보어 선생님의 원자모형이 처음으로 제기된 논문에 의문이 듭니다.

세 편으로 구성된 논문 말인가?

그렇지. 그때의 생각들이 지금 양자역학을 이루는 초석이 되었네.

네. 제가 보기엔 그 세 글의 관점이 서로 달랐습니다. 첫 번째 논문은 고전역학적 관점에서 쓰였고,

세 번째는 양자역학적 관점에서 기술되었더군요. 그리고 두 번째 것은 꽤나 혼란스러웠습니다.

첫 번째가 고전역학적이라고?

아닐걸세. 분명 그때 세 편의 글을 양자역학적 관점에서 집필했네. 그렇지 않았다면 어떻게 양자역학적 원자모형을 설명할 수 있었겠나?

혹시 잘못 기억하고 계신 것은 아닌지요? 저는 그 점이 의아해서 예전부터 의문점을 갖고 있었습니다.

글쎄… 나는 그때를 명확하게 기억하고 있다고 생각하네만.

네, 알겠습니다. 앞으로 두 번 정도 인터뷰가 더 있을 테니, 차차 얘기해 보면 좋겠습니다.

휴우, 꽤 지치는군. 오늘은 이 정도로 하고 식사나 할까? 왕년엔 나도 꽤나 수다스러웠는데….

하하. 선생님의 수다에 여러 사람이 피곤했었죠. 예전에 슈뢰딩거*는 여기 와서 선생님 때문에 독감까지 얻지 않았나요?

그랬지. 나는 앓아 누워 있는 그를 굳이 또 찾아가서 설전을 벌였지. 허허.

그가 세상을 떠나고 나니, 점점 더 생각이 나는군. 양자역학에 대해서는 서로 입장을 달리 했지만, 참 좋은 동료였지.

………

며칠 뒤

며칠 새 몸이 더 안 좋아지셨습니까?

그렇다네. 부쩍 힘이 드는군.

인터뷰는 하지 않는 게 좋겠습니다. 무리하시면 안 됩니다.

• 에르빈 슈뢰딩거(Erwin Schrödinger, 1887~1961) 양자역학을 세운 초기 과학자 중 하나. 슈뢰딩거 방정식을 통해 전자가 파동임을 수학적으로 증명했다(파동역학). 보어가 속한 코펜하겐 학파와는 다른 해석을 시도했는데, 상이한 해석을 두고 보어와 수차례 논쟁을 벌인 적이 있다.

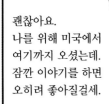
괜찮아요.
나를 위해 미국에서
여기까지 오셨는데.
잠깐 이야기를 하면
오히려 좋아질걸세.

가급적 빨리
끝내 주시면
감사하겠습니다.

네네, 그렇게
하겠습니다.

고집을
꺾을 수
없으니, 원.

그래, 오늘은
어떤 내용을
가지고 왔나?

지난 번에 말씀드린
논문입니다. 세 편의
논문이 일관되지 않은 것
같다고 말씀드렸는데요.

아, 그래. 자네가
그렇게 말했지.

논문을 복사해서
왔습니다. 한 번
읽어 보시지요.

흠… 내가
이렇게 썼었나?

어떠십니까? 제겐
관점의 이행이 분명히
보였습니다만….

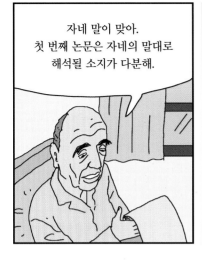

자네 말이 맞아.
첫 번째 논문은 자네의 말대로
해석될 소지가 다분해.

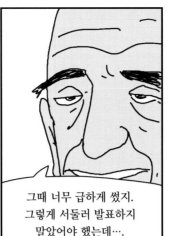

그때 너무 급하게 썼지.
그렇게 서둘러 발표하지
말았어야 했는데….

애초에는 첫 번째 논문이 왜
고전역학적인지 궁금했습니다.
그런데 지금은 어째서 선생님께서
기억하지 못하시는지 궁금합니다.

이보게, 기억을 못하는
게 아니네. 난 이 논문을
양자역학적 관점에서
작성했었다는 말밖에는 더
할 말이 없네.

클록~

제가 보기에 사람들에게는
패러다임 전환이 일어난 사실을
지우고 싶어하는 욕구가 있는
것처럼 보입니다.

다른 사람들도 그렇단 말인가?
자신이 겪은 변화를
잘 인지하지 못한다고?

교과서의 기술 방식이
그렇습니다. 선생님께서 첫날
저에게 들려주신 내용은
교과서에 나오는 전형적인
양자역학 스토리입니다.

당사자인 선생님은
교과서에 적힌 양자역학이 아니라
알려지지 않은 무언가를 기억하고
있을 거라 기대했습니다. 그것을
기록하는 것이 이 프로젝트의
의도이기도 하고요.

그런데 선생님도 패러다임 전환이
일어났던 순간의 변화를 모두
잊어버리고, 매끈하게 정리된 역사를
말씀하시는 게 이상했습니다.

좀 생각해 보도록 하겠네.
이만 할까? 오늘은 몸이
굉장히 무겁군.

아… 네.

생각보다 보어 선생님의
건강이 좋지 않구나.
걱정이 되는군.

며칠 뒤, 닐스 보어는 1962년 11월 18일 향년 77세로 숨을 거두었다.

자네는 보어의
생애에서 가장
마지막 순간을
인터뷰한 사람 중
하나이네.

그렇게 되었어요.
위대한 과학자의
마지막 순간을
함께하게 될 줄은
몰랐습니다.

!

하이젠베르크 박사,
인사하세요. 이쪽은
『과학혁명의 구조』를
쓴 토머스 쿤
박사예요.

베르너
하이젠베르크요.

이렇게 뵙게 되다니 영광입니다.

아니, 내가 영광이오.

하이젠베르크는 보어와 함께 양자역학의 발전을 이끈 인물이다. 하이젠베르크와의 인터뷰를 예정해 두었던 쿤에게는 좋은 기회였다.

1962년 11월 30일, 독일 뮌헨

쿤은 하이젠베르크를 인터뷰하기 위해 막스플랑크연구소를 방문했다.

어서 오시오, 쿤 박사!

베르너 하이젠베르크
(Werner Heisenberg, 1901~1976)
20세기의 위대한 과학자 중 한 명이다. '불확정성 원리'로 양자역학에 기여한 바가 크다.

'불확정성 원리'는 두 개의 물리량을 동시에 측정하려고 할 때, 그 정확도에는 한계가 있다는 뜻이다.

$$\Delta x \cdot \Delta p \sim \hbar$$

어떤 물체를 물리적으로 파악하기 위해서는 위치와 운동량이 필요하다. 지금 어느 위치에 있는 한 물체가 얼마 만큼 운동을 한다. 이때 위치와 운동량을 알면 앞으로의 변화를 예측할 수 있다.

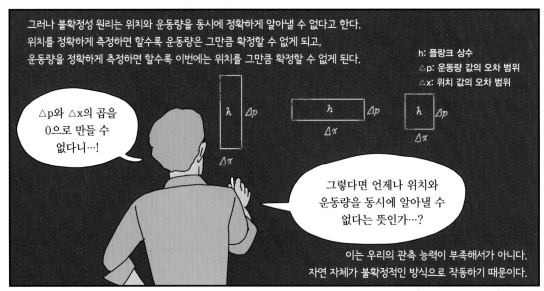

그러나 불확정성 원리는 위치와 운동량을 동시에 정확하게 알아낼 수 없다고 한다.
위치를 정확하게 측정하면 할수록 운동량은 그만큼 확정할 수 없게 되고,
운동량을 정확하게 측정하면 할수록 이번에는 위치를 그만큼 확정할 수 없게 된다.

h: 플랑크 상수
△p: 운동량 값의 오차 범위
△x: 위치 값의 오차 범위

△p와 △x의 곱을 0으로 만들 수 없다니…!

그렇다면 언제나 위치와 운동량을 동시에 알아낼 수 없다는 뜻인가…?

이는 우리의 관측 능력이 부족해서가 아니다.
자연 자체가 불확정적인 방식으로 작동하기 때문이다.

하이젠베르크는 자연현상을 정확하게 관찰하고 예측하는 과학, 그 과학의 정의를 흔들고 있었다.

쩝…

뉴턴 보어

이는 전자의 문제로도 이어진다. 전자의 위치는 우리에게 관찰될 때에만 하나의 입자로서 드러난다. 하지만 그때의 운동량은 불확정적이다.

캐치 미 이프 유 캔~!

양자씨~

양자의 세계는 너무 미스터리해…

반대로, 전자의 운동량을 정확히 측정할수록 전자의 위치는 점점 더 확정하기 어렵게 된다.

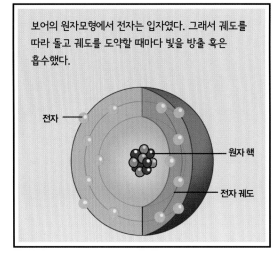

보어의 원자모형에서 전자는 입자였다. 그래서 궤도를 따라 돌고 궤도를 도약할 때마다 빛을 방출 혹은 흡수했다.

전자

원자 핵

전자 궤도

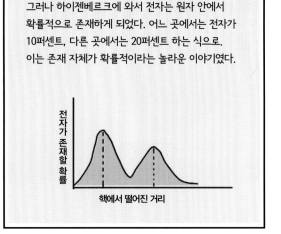

그러나 하이젠베르크에 와서 전자는 원자 안에서 확률적으로 존재하게 되었다. 어느 곳에서는 전자가 10퍼센트, 다른 곳에서는 20퍼센트 하는 식으로. 이는 존재 자체가 확률적이라는 놀라운 이야기였다.

전자가 존재할 확률

핵에서 떨어진 거리

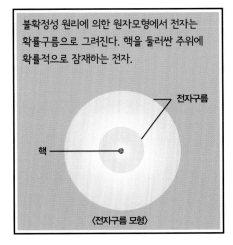

불확정성 원리에 의한 원자모형에서 전자는 확률구름으로 그려진다. 핵을 둘러싼 주위에 확률적으로 잠재하는 전자.

전자구름

핵

〈전자구름 모형〉

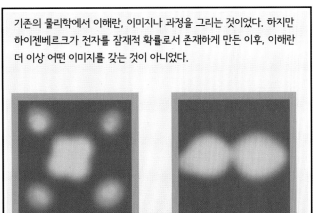

기존의 물리학에서 이해란, 이미지나 과정을 그리는 것이었다. 하지만 하이젠베르크가 전자를 잠재적 확률로서 존재하게 만든 이후, 이해란 더 이상 어떤 이미지를 갖는 것이 아니었다.

어느 날 하이젠베르크가 보어에게 물었다.

만약 원자 구조가 그렇게 다가가기 어렵고, 선생님 말씀대로 그것을 표현할 언어도 없다면 우리가 그것을 이해할 수나 있을까요?

그렇게 비관적일 필요는 없소.

우리는 그때야 비로소 '이해한다'는 게 뭔지 그 의미를 배울 수 있을 거요.

하이젠베르크는 단지 과학에서의 혁명뿐만 아니라, 세계의 모습과 이해방식 자체를 새롭게 바꾼 것이다. 그를 최고의 과학자라고 일컫는 것은 이런 이유에서다.

1962년 11월 30일 독일에서 시작된 인터뷰는 1963년 2월에는 무려 아홉 차례나 진행되었고 7월에 코펜하겐에서 두 차례 더 진행되었다.

하이젠베르크와의 인터뷰는 쿤이 그동안 다른 과학자들과 해왔던 인터뷰와 달랐다. 과학자의 일생과 업적에 대해서뿐만 아니라, 서로가 가진 과학관에 대해서도 토론이 이뤄졌다.

하이젠베르크는 매우 유려하면서도 합리적인 방식으로 이야기를 풀어 나갔고, 그의 논리는 굉장히 튼튼한 철학적 기반 위에 있었다.

예전부터 과학에 대한 철학적 작업을 꿈꾸었던 쿤에게 이보다 더 좋은 인터뷰 상대는 없었다.

그들이 그렇게 많은 시간 동안 인터뷰를 한 것도 이런 이유 때문일 것이다.

쿤 박사가 얼마 전에 출간한 『구조』를 읽었습니다. 아주 열심히 정독했어요.

감사합니다.

특히나 과학혁명에 관한 부분이 인상 깊었습니다. 제한적이고 특수한 문제에 골몰하다가 혁명이 일어난다고요.

선생님은 어떻게 생각하십니까? 직접 양자역학을 창안한 혁명가이지 않습니까?

혁명가라니요, 허허 참. 혁명에 관한 견해에서는, 저 역시 완전히 동의합니다. 혁명은 되도록 적게 변화시키려고 할 때 좁은 범위에서 발생한다고 봅니다.

혁명 얘기를 하니까, 오래전 한 젊은이와 나눴던 이야기가 생각나네요.

?

디딩~

이 곡은 슈만의 피아노 협주곡 A단조입니다.

2차대전 중, 그러니까 독일에서 나치가 지지를 받고 있을 때, 그 젊은이가 저보고 왜 자기들과 함께 활동하지 않느냐고 물었어요.

제가 고리타분한 옛것을 고수하고, 새로운 청년운동을 거부한다는 뜻이었지요.

서로 견해가 달랐네요. 그 청년은 모든 것을 일거에 바꾸는 것을 혁명으로 생각했군요.

그렇습니다. 그때 제가 그에게 말했습니다. 과학에서 혁명은 그렇게 일어나지 않는다고. 단적으로 플랑크의 연구가 그랬지요.

막스 플랑크를 말씀하시는군요. 양자역학을 거부한 양자역학의 아버지인 플랑크. 참 아이러니하죠.

네. 그는 열복사 스펙트럼에 관한 문제를 해결하기 위해 노력했지요. 아주 보수적인 품성을 지녔던 플랑크로서는 기존 열역학을 바꿀 생각은 조금도 하지 않았습니다.

그랬던 그가 에너지에 대한 양자적 이해가 아니면 문제를 해결할 수 없다는 것을 확인했던 겁니다.

해서 양자적 이해를 처음 발표할 때조차 잠정적 '가설'로 내놓았고요. 마음에 들지 않지만 어쩔 수 없다는 듯이.

그래요. 우선은 아주 협소하고 경계가 명확한 문제를 끝까지 밀고 나갈 때, 거기에서 혁명은 구체적인 열매를 맺을 수 있습니다.

모든 것을 뒤집으려는 시도는 무모하고 허황된 결과를 낳기 쉽죠.

그 젊은이에게 그렇게 말씀하셨습니까?

네. 하지만 우리는 끝까지 의견을 달리했지요. 그에게 혁명은 과거로부터의 완전한 탈출이었으니까요.

그 친구와 처음 만나게 된 것이 바로 이 곡 때문이었습니다.

제가 연주하고 있을 때 창밖에서 듣고 있었지요. 갑자기 혁명 얘기가 나오니 그 젊은이가 생각나서 연주해 보았습니다.

그 친구 덕분에 저도 선생님의 멋진 연주를 들었네요. 하하.

하지만 당시에 저는 이런 혁명에 대한 생각을 과학을 넘어서까지는 얘기하지 못했습니다.

분명 그는 정치적, 사회적 혁명을 이야기했고, 저는 과학의 혁명을 이야기하고 있었습니다.

정치혁명은 과학혁명과 다르다고 충분히 반박할 수 있지요. 그때 저는 정치혁명도 이와 같다는 것을 확신할 수 없었습니다.

그러다가 이번에 『구조』에서 정치혁명에 대한 비유를 통해 과학혁명을 설명하시는 부분이 있어 놀라웠습니다.

이는 과학혁명뿐만 아니라 '혁명' 전반에 대한 설명이니까요.

네, 그렇습니다. 사실 과학 밖에서는 제 견해에 대해 비판도 적지 않습니다.

어쨌든 끊임없이 계속되는 혁명이나 정상 상태 없는 혁명, 부분적인 개혁과 다른 전면적인 혁명 등을 이야기하는 사람들도 있으니까요.

혁명이 전면적이어야 한다는 것 자체가 혁명에 대한 낡은 생각일 수 있지요. '혁명' 자체를 혁명한다면, 새로움은 가장 낡은 것에 '몰두'할 때 등장한다는 말도 가능하지요.

혁명에서 중요한 점은, 혁명이 언젠가는 우리가 서 있는 지반을 붕괴시킨다는 것입니다.

비록 혁명이 제한적인 문제에서 출발했더라도, 혁명이 성공하기 위해서는 낡은 개념들을 버릴 수밖에 없어요. 양자역학을 수용하지 못했던 사람을 많이 보았습니다.

네. 그것은 마치 한 세대의 레밍이 사는 방식과 같다고나 할까요?

재미있는 표현이네요. 받아들이지 못하는 사람들이 노쇠해 감에 따라 혁명이 완성된다는 뜻이지요?

그렇습니다. 혁명의 한복판에서는 무엇이 옳고 그른지 판단해 줄 기준이 사라집니다. 대신 설득과 아름다움, 지적 매력 같은 것으로 결정됩니다. 끝까지 설득되지 않는 완고한 과학자도 있고요.

기존 이론이 옳을지 대체이론이 옳을지, 이를 재단해 줄 단일한 기준이 사라지게 되지요. 한편에서는 고집스런 과학자들의 마음이 이해가 갑니다.

옛것을 버리기는 대단히 어려워요. 저 역시 힘들었습니다. 왜냐하면 옛것이라는 것, 그것은 지금껏 과학을 지탱해 온 핵심이기 때문이지요.

'그것을 버리면 과학이 아니다' 라고 생각하는 것들을 포기해야 하는 순간이니까요. 그런데 놀랍게도 거기서 새로운 과학이 튀어나오게 됩니다. 양자역학을 세워 나가면서 그런 놀라움을 느꼈습니다.

그 점에서 뉴턴역학을 조금씩 수정해서 양자역학에 이를 수 있는 것은 아니라 봅니다.

흡수도 불가능하지요. 차라리 대체한다고 봐야 하지 않을까요?

제가 보기에, 뉴턴역학과 양자역학은 동일한 척도에서 비교가 불가능합니다. 즉 두 이론은 공약불가능합니다.

아, 공약불가능성! 아주 인상 깊은 단어였습니다.

그러니까 뉴턴역학과 양자역학은 옳고 그름이나 우월성을 비교할 수 없다는 뜻이지요.

그렇습니다. 서로 완전히 다르기 때문에, 비교도 흡수도 불가능합니다. 대체를 말한 것은 이 때문입니다.

서로 다르기 때문에 대체된다…. 흠, 생각해 볼 문제네요.

?

책을 읽을 때 의문이 들었습니다. 저는 공약불가능하다고 대체되는 것 같지 않습니다. 서로 다르지만 공존할 수 있지요.

그렇다면 뉴턴역학과 양자역학이 공존할 수 있다고 말하시는 건가요?

네. 실제로 그렇습니다. 양자역학의 활용 범위가 확장되었지만, 인공위성이나 유체역학에서는 여전히 뉴턴역학을 활용하고 있습니다.

흠….

아마도 쿤 박사와 저의 견해차는 과학에 대한 생각이 다른 데서 빚어지는 것 같습니다. 전 과학을 닫힌 공리체계라고 생각합니다.

공리, 정의, 법칙 들이 촘촘하게 연결되어 내부적으로 모순 없는 체계를 이루고 있습니다. 정합적이지요. 내적 관계만으로 정립되기 때문에 '닫혀 있다'는 표현을 쓸 수 있습니다.

이런 비유를 들어 보죠.

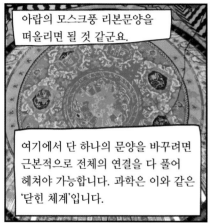

아랍의 모스크풍 리본문양을 떠올리면 될 것 같군요.

여기에서 단 하나의 문양을 바꾸려면 근본적으로 전체의 연결을 다 풀어 헤쳐야 가능합니다. 과학은 이와 같은 '닫힌 체계'입니다.

그렇다면 뉴턴역학은 그것 나름의 공리와 정의들이 있고, 양자역학은 또 그 나름의 체계를 갖고 있다는 뜻인가요?

게다가 각각의 역학은 그 자체로 완전히 정합적이다?

그렇지요. 그러므로 양자역학이 등장한다고 해서 뉴턴역학이 자체적으로 붕괴되지 않습니다. 그럴 필요가 없기도 하고요.

그래서 전 이들이 공존할 수 있다고 봅니다. 하나의 이론은 어떤 제한된 영역을 다룹니다. 이론들은 그 제한된 영역 안에서 완벽하고 정확한 기술(記述)을 합니다.

뉴턴역학과 양자역학은 각자 나름대로 한정된 영역을 완벽히 기술하면서 따로 또 같이 공존하는 것이지요.

한정된 영역이라…. 뉴턴역학은 그것이 적용되는 영역이 있고, 양자역학은 또 그것이 적용되는 영역이 따로 있다는 말씀처럼 들립니다.

왜 그렇지 않겠습니까?

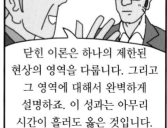

닫힌 이론은 하나의 제한된 현상의 영역을 다룹니다. 그리고 그 영역에 대해서 완벽하게 설명하죠. 이 성과는 아무리 시간이 흘러도 옳은 것입니다.

저는 그 '제한된 영역'이라는 것을 받아들일 수 없습니다. 훌륭한 과학적 설명이란 모든 자연현상을 단일한 원리로 풀어낼 수 있는 것 아닙니까?

오! 아닙니다. 우리는 모든 영역을 그렇게 설명할 수 없습니다.

물질을 다루는 물리학을 보세요.

물리학의 용어는 생물학이나 심리학과 전혀 다릅니다. 이들은 서로 다른 공리체계이며, 각각 다른 영역을 설명하고 있습니다.

모든 자연현상을 하나의 원리로 설명하는 것이야말로 독단적인 생각이지 않나요? 실제로 그런 이론은 없었습니다. 언제나 다양한 이론들이 공존했지요.

확실히 저와는 과학관이 다르시군요.

예를 들어 근대과학이 출발한 17세기만 해도 물리 현상뿐만 아니라 생물의 영역까지 기계론적으로 설명했습니다.

반면 뉴턴역학과 양자역학이 공약불가능하며 서로 공존할 수 없다고 보는 것은,

두 이론이 개념을 다르게 정의할 뿐만 아니라 세계관 자체가 완전히 다르기 때문입니다.

뉴턴역학은 입자와 파동을 구분했지만, 양자역학에서 빛은 입자로 움직이기도 하고 파동으로도 움직입니다.
두 체계가 사용하는 입자의 개념이 다르기에 우리는 어느 한쪽을 선택할 수밖에 없는 것이죠.

패러다임의 역사를 말씀하시는 것인가요?

그렇습니다.

저는 『구조』에서 과학의 역사에 주목했습니다. 시간이 흘러감에 따라 과학은 어떻게 발전했는가, 그것이 저의 문제의식이었지요.

역사라…, 즉 시간의 축을 통해서 과학을 보신 거로군요.

아마 그 점이 저와 선생님의 결정적 차이인 것 같습니다. 선생님이 제한된 영역이라고 언급하는 것은 보다 공간적인 차원 같습니다.

제가 과학을 공간적으로 다양하게 보았다면, 쿤 박사는 시간적 변화에 주목했다는 말씀이시죠?

그렇게 되나요? 그래서 저는 과학사학자이고, 선생님은 물리학자인가 봅니다. 하하.

하하하. 그럴지도요. 하지만 이제 서로 다른 것은 공존할 수 없다는 그 사고방식 자체를 새롭게 해야 할지도 모릅니다. 다르기 때문에 공존할 수 있지 않겠습니까?

과학 이론과 패러다임, 뉴턴역학과 양자역학, 이 사이에 굉장히 많은 이야기가 가능하군요.

그렇습니다. 비록 동의할 수는 없지만 서로 이해는 할 수 있었습니다. 그런데, 결국 우리가 동의한 것은 혁명과 공약불가능성뿐인가요?

하지만 그마저도 같은 의미가 아니었지요?

과학과 세계를 보는 시각 자체가 다르니, 혁명과 공약불가능성에 대한 의미조차 구체적으로는 달랐습니다.

그렇군요.

서로 다른 과학을 말하는 두 사람이 만났으니 서로에게 새로움을 선물해 줄 것 같군요. 하지만 아쉽네요.

다른 약속 때문에 가 봐야 할 것 같아요.

앞으로 자주 봐요. 쿤 박사님과 많은 대화를 나누고 싶군요.

네, 하이젠베르크 교수님. 또 찾아 뵙겠습니다.

쿤은 프로젝트의 3년 중 첫 해와 마지막 해는 버클리에서 작업을 수행하고, 두 번째 해에는 유럽에서 인터뷰를 진행했다.

많은 물리학자들과 함께 그들의 과학자로서의 삶, 가족, 친구, 학교에 관한 이야기를 비롯해서, 과학적 연구, 학문 세계에 관해서도 깊이 있는 이야기를 나누었다.

보어와 하이젠베르크 이외에도 한스 베테, 막스 보른, 루이 드 브로이, 폴 디랙, 발터 게라흐, 프리드리히 훈트, 로버트 오펜하이머, 에밀리오 세그레, 존 슬레이터, 유카와 히데키 등 양자역학의 역사에 뚜렷한 발자취를 남긴 위대한 과학자들이 쿤의 인터뷰에 응했다.

유카와 히데키

막스 보른

보어

하이젠베르크

드 브로이

쿤은 이들과의 인터뷰를 바탕으로 「원자의 기원」
(Genesis of Atom)이란 논문을 썼다.

하지만 양자역학의 성립 과정에 대해서는
아무런 저서를 남기지 않았다.

쿤만큼 양자역학의 역사를 연구한 사람도 없을뿐더러,
그처럼 중요한 양자역학의 과학자들을 대거
인터뷰하고도 이에 관한 별도의 저작을 남기지 않은
것은 매우 의외로 여겨진다.

또한 양자역학 혁명이야말로 갈릴레이의 과학혁명에
버금갈 만큼 중대한 혁명이었다. 『구조』에서 피력한
생각들을 양자역학을 통해 철학적으로 다시 검토해
보는 작업은 충분히 해볼 만한 가치가 있는데도 말이다.

근자의 '엄청난' 혁명인 양자역학이 그에게도 커다란 고민을 안겨 주었다는 뜻일까.

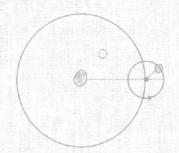

Scientific Revolutions

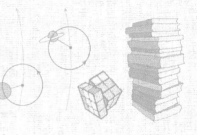

7

1965년 런던,
논쟁의
중심에서

1965년 7월, 영국 런던 히드로 공항

베드퍼드 칼리지로
가 주시겠습니까?

네.

런던에 얼마 만인지. 7월의 런던 날씨는
더할 나위 없이 좋구나. 포퍼* 경을
직접 뵙게 되다니 기대되는군.

7월 11일부터 17일까지 런던 베드퍼드 칼리지(Bedford
College)에서 국제과학철학 심포지엄이 열렸다.

Criticism and the Growth
of Knowledge

● **칼 포퍼 (Karl Raimund Popper. 1902~1994)** 오스트리아 출신의 과학철학자. 20세기의 위대한 사상가 중 한 사람으로 평가받는다. 빈대학
에서 수학, 물리학, 철학, 음악 등을 공부했다. 1930년대 유럽 사상계의 중심이었던 빈 학파와 논리실증주의자들에 맞서 반증가능성이라는 개
념을 중심에 둔 과학 방법론을 주장했다. 저서 《열린사회와 그 적들》은 그의 과학에 대한 사상을 아주 잘 보여 준다.

쿤 교수, 여기까지 오시는 데 고생이 많으셨습니다.

안녕하세요, 왓킨스*교수.

준비하느라 고생이 많으셨습니다. 제 논문이 늦어지는 바람에 논평문을 쓸 시간이 촉박했지요?

아닙니다. 쿤 교수께서 원고를 예정보다 빨리 쓰느라 더 힘드셨죠.

지난 며칠간 첩보영화 속 주인공이 된 것 같았어요.

논문을 쓸 때마다 일부를 대서양 건너에 있는 왓킨스 교수에게 전보로 보내는 기분이 마치 기밀 정보를 빼내는 것 같아 스릴 넘쳤지요.

저는 다음 회에 연재될 이야기를 애타게 기다리는 독자의 기분이었다고나 할까요? 하하하.

파이어아벤트 씨는 이번 심포지엄에 참석하지 못한다고 들었습니다.

네. 개인적인 사정으로 참석하지 못한다고 연락을 받았어요.

• **존 왓킨스**(John William Nevill Watkins, 1924~1999) 미국의 철학자. 1966년부터 1989년까지 런던정경대학에서 가르쳤다. 포퍼의 제자이며, 비판적 합리주의의 옹호자로 유명하다.

• **임레 라카토슈**(Imre Lakatos, 1922~1974) 헝가리 출신 철학자로, 런던정경대학 교수를 지냈다. 포퍼의 영향을 받았지만, 실제의 과학에 부합하지 않는 반증주의의 한계를 인식하고, 과학사와 과학의 합리성을 지키려는 방식으로 과학 연구 프로그램론을 제시했다.

폴의 유쾌하고 날카로운 논평이 없어 허전하겠군요. 라카토슈° 교수는 무얼 하시나요?

그는 심포지엄을 조직하고 준비하는 행정 일로 바빠요. 두 분이 바쁘신 바람에 저도 급작스레 참석하게 되었죠.

포퍼 경도 도착하셨네요.

당시 과학철학계의 중심에는 칼 포퍼가 있었다.

1962년에 출판된 『과학혁명의 구조』가 포퍼의 입장에 반대하는 논지를 전개한 까닭에 과학철학자들은 쿤의 생각에 관심을 기울이게 되었다.

포퍼는 1963년, 『구조』의 논점을 검토하는 세미나를 열기도 했다.

그는 이번 심포지엄에서도 애초의 주제를 변경하면서까지 쿤을 토론의 장에 올려 놓았다.

쿤은 쟁쟁한 대가들 앞에서 자신의 견해를 옹호해야 하는 상황이었다.

스티븐 툴민°

레슬리 윌리엄스°

자, 그럼 지금부터 '지식의 성장과 비판'을 주제로 국제과학철학 심포지엄을 시작하겠습니다.

● **스티븐 툴민**(Stephen Edelston Toulmin, 1922~2009) 영국의 철학자. 비트겐슈타인에게 많은 영향을 받았고, 도덕적 추론을 분석하는 데 관심이 많았다. 쿤의 과학혁명 개념에 반대했는데, 과학에서 일어나는 변화는 혁명이라기보다는 변이라고 주장했다.

● **레슬리 윌리엄스**(Leslie Pearce Williams, 1927~) 코넬대학 과학사 명예교수이며, 1980년대 중반 코넬대학에 과학사 · 과학철학 과정을 만드는 데 기여했다.

우선 버클리에서 오신 토머스 쿤 교수를 소개합니다.

안녕하세요. UC버클리의 토머스 쿤입니다. 이 자리에 서게 되어 영광입니다. 저는 몇 년 전 『과학혁명의 구조』라는 책을 발표했습니다.

그 책에서 저는 과학이 정상과학 시기와 혁명 시기를 반복하면서 발전한다고 주장했습니다.

확실한 패러다임 위에 서 있으면서 패러다임이 제기하는 퍼즐을 푸는 정상과학의 시기,

그리고 위기로 인해 기존 패러다임이 무너지고 새로운 패러다임을 만드는 혁명의 시기.

둘 중 어느 하나도 간과해서는 과학의 역사를 제대로 파악할 수 없습니다. 과학사를 이해할 때 가장 중요한 것은 정상과학과 혁명, 상이한 두 시기를 인정하면서 각각의 특성을 잘 이해하는 것입니다.

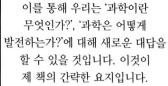

이를 통해 우리는 '과학이란 무엇인가?', '과학은 어떻게 발전하는가?'에 대해 새로운 대답을 할 수 있을 것입니다. 이것이 제 책의 간략한 요지입니다.

그 점에서 오늘의 토론 역시 정상과학에 대한 문제, 혁명의 시기에 대한 문제로 나눠지리라 예상합니다.

그렇겠지요, 왓킨스 교수님?

하하하.
그렇습니다.
토론 순서는
말씀하신 대로
정상과학이 먼저이고,
다음으로 혁명에
대해서 하겠습니다.

제 책의 독자들로부터 제가
포퍼 경과 상반된 방식으로 과학을
설명한다는 말을 들었습니다.

옳은 지적입니다.
오늘 발표도 포퍼 경과
저의 차이점을 말씀드릴
생각입니다.

그럼,
정상과학의 시기에
대해서 먼저
발표하겠습니다.

그러나 그전에 분명히 짚어야 할
점은 저와 포퍼 경 사이에 중요한
공통점이 있다는 것입니다.

이전의 과학철학은 과학적
지식이 가진 논리 구조를
해명하려고 노력했습니다.

그래서 가설, 공리,
증명 같은 형식, 가설과
증명의 논리적 정합성을
중시했습니다.

하지만 포퍼 경과 저는
과학적 지식을 획득하는
동적인 과정에 주목했습니다.

즉 우리는 과학자들이
어떻게 과학적 지식을
창조하는지, 그 생성
과정을 탐구한 것입니다.

그 점에서
포퍼 경과 저는
아주 큰 범위에서
유사한 문제의식을
공유하고 있다고
볼 수 있습니다.

저희 사이의 차이점만큼이나 이런 공통점도 마땅히 고려되어야 한다고 생각합니다.

그럼에도 불구하고 차이점은 남아 있고, 이 차이점 역시 매우 중요합니다.

과학사에 대한 포퍼 경의 설명은 훌륭합니다. 저 또한 포퍼 경의 책을 통해서 많은 영감을 받았습니다.

지익

문제는 포퍼 경의 설명은 혁명 시기의 과학에만 국한된다는 것입니다.

포퍼 경은 비정상적이고 혁명적인 시기에 일어나는 에피소드들에만 주목했습니다.

정상과학의 시기는 분명히 존재합니다. 그리고 그 시기에 이뤄지는 퍼즐풀이야말로 과학을 추동하는 핵심입니다.

따라서 저에겐 포퍼 경이 간과했던 정상과학 시기야말로, 어떤 학문이 과학이 될 수 있는가 없는가를 판가름할 수 있는 요소라고 생각합니다.

점성술의 예를 들어 보지요. 포퍼 경은 그것이 과학이 아니라고 말합니다. 왜냐하면 워낙 애매하게 예언하기 때문이지요.

곧 재앙이 닥칠 것이다!

가령 어떤 점성술사가 별들의 운행을 보고 나서 누군가의 운명이나 자연재난을 예언한다고 해도

거의 대부분은 다른 운명을 살고 재난도 일어나지 않습니다. 포퍼 경에 따르면 그 예언, 즉 특정한 가설이 테스트를 통과하지 못하고 반박당한 것이지요.

그럼에도 불구하고 점성술사의 예언은 수정되거나 폐기되지 않습니다.

세상은 언제 망하는 거야? 당신 말만 믿고 대학도 안 갔단 말야!!

그게 재앙이야!

포퍼 경은 이런 이유를 들어 점성술이 과학이나 지식이 아니며, 맹목적 신념에 지나지 않는다고 말합니다.

이상이 포퍼 경이 생각하는 과학과 비과학의 차이입니다. 물론 우리 대부분도 이렇게 생각하고 있지요.

하지만 제 생각은 다릅니다.

이 차이는 '무엇이 과학인가'에 대한 관점의 차이에서 비롯된 것이 아닐까 합니다.

실제 역사를 살펴보아도 점성술은 숱하게 실패를 거듭했고, 이러한 사실은 점성술사들에 의해서 기록되어 많이 남아 있습니다.

그 내용을 보면 그들은 자신들의 실패를 무시하지 않았습니다.

점성술만큼이나 과학도 많은 실패를 합니다. 다들 일기예보만 믿고 우산 없이 나갔다가 소나기를 맞은 적이 있지 않습니까?

………

현대의 기상학조차 셀 수 없이 실패를 합니다. 그렇다고 기상 관측을 포기합니까?

결코 그렇지 않습니다.

실패한다는 이유만으로 과학이 아니라고 말할 수는 없습니다.

점성술의 문제는 이론과 현상 사이의 간극을 채우려는 노력을 하지 않았다는 것입니다.

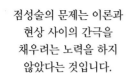

별이 그리 말하는데 왜 나한테 난리야!

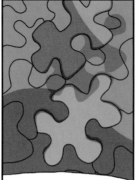

바꿔 말해, 풀어야 할 문제, 퍼즐을 구성하지 않았다는 것이죠.

점성술은 실패를 단순한 실패로 여겼을 뿐, 하나의 퍼즐로 만들지 못한 탓에 탐구를 발전시킬 수 없었습니다.

퍼즐?!

그래서 정상과학의 시기를 가지지 못했으며 결국 과학이 될 수 없었던 것입니다.

퍼즐은 어떤 패러다임이 부딪히게 되는 한계점이 아닙니다. 오히려 패러다임이 만들어내는 것입니다.

패러다임이 퍼즐을 만들고, 퍼즐을 해결하면서 패러다임은 또 정교해집니다. 향상된 패러다임은 또다시 퍼즐을 생산하고, 과학자들은 퍼즐을 풀기 위해 매진합니다.

이런 과정 속에서 과학은 상당한 양의 데이터를 얻고 패러다임을 더욱 발전시킵니다.

또한 과학자들은 퍼즐풀이 과정에서 패러다임의 규칙과 공통감각을 체득하게 됩니다.

패러다임과 과학자 공동체를 형성시키는 정상과학, 이를 간과한다는 것은 과학사를 연구함에 있어서 매우 잘못된 시각이라고 생각합니다.

정상과학에 대한 쿤 교수의 간략한 발표를 잘 들었습니다.

이제 본격적으로 정상과학에 대한 토론을 시작하겠습니다.

그럼 논평자인 저부터 토론을 시작해 보도록 하지요

저는 정상과학의 시기가 정말로 존재하는지, 그리고 왜 이렇게 중요한 가치를 갖는지 궁금합니다.

정상과학은 혁명 시기의 과학에 비하면 굉장히 따분하고 전혀 대담하지도 않은 연구활동입니다.

저에게 정상과학은 이론의 발전이 '정체된 시기'처럼 보입니다.

진정 이러한 정체된 연구활동으로부터 우리는 과학적 지식을 얻는 것입니까?

아니 애초에 '정상과학'이라 불릴 만한 시기가 있기는 한 것인가요?

제 생각에는 쿤 교수님이 정상과학에 과도한 의미를 부여했고,

그로부터 과학이 이래야 한다는 규범적인 내용을 이끌어내려고 하는 것 같습니다.

좋은 비평 감사합니다.

하지만 제 이야기를 약간 오해하신 것 같습니다.

저는 정상과학을 통해, 과학이 어떠해야 한다는 규범적이고 윤리적인 측면을 제시한 것이 아닙니다.

또 정상과학을 과학혁명보다 중시 여기지도 않았습니다.

저는 단지 과학사의 모습을 사실 그대로 기술하려 했을 뿐입니다. 그 이야기는 『과학혁명의 구조』 서문에 잘 나타나 있죠.

저는 과학철학에서 실제 과학사에 대한 연구가 꼭 필요하다고 말했습니다.

과학의 본질을 탐구하는 과학철학에는 반드시 과학이론을 그 시대의 맥락 속에서 파악하는 역사적 이해가 필요합니다.

제가 이러한 역사주의적 관점을 취한 이유는 실제로 과학자들이 어떻게 연구 활동을 하는지 파악하는 데 목적이 있었습니다.

그 연구는 저에게 중요한 통찰을 주었는데요,

바로 공통의 전제를 가진 과학자 집단이 그 과학을 구성하고 창조해 나간다는 점입니다.

이것이 확실히 패러다임에 기반해 있는 정상과학의 시기에 일어나는 일입니다.

과학자 집단을 한번 생각해 보시죠. 그들은 그들의 전제를 의심하지 않습니다. 그들에겐 그럴 시간이 없죠. 당면한 문제를 풀기에 바쁩니다.

당면한 문제를 함께 고민하고, 서로 합심해서, 결국은 풀어내죠. 이것이 바로 공동체의 힘인 것이죠.

양자역학의 탄생은 이런 면모를 잘 드러내 줍니다.

보어와 하이젠베르크를 중심으로 한 코펜하겐 학파가 양자역학이라는 새로운 패러다임을 형성해 나가는 과정은 바로 과학자 공동체의 능력을 보여 줍니다.

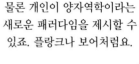

물론 개인이 양자역학이라는 새로운 패러다임을 제시할 수 있죠. 플랑크나 보어처럼요.

하지만 양자역학이라는 과학은 개인이 아닌 오직 과학자'들'에 의해서 구성되었습니다. 아마 개인이었다면, 양자역학이란 체계를 완성시키지 못했을 겁니다.

이렇게 정상과학이란 개념은 실제 과학자들의 연구 모습을 그대로 보여 줌과 동시에 어떻게 과학이 발전해 나가며, 창조되어 나가는지 보여 줍니다.

여기에서 저는 정상과학이라는, 과학에 대한 새로운 이미지를 얻었던 것이죠.

저는 이렇게 실제 과학이 어떤지를 밝히는 과정을 통해 과학의 본질을 알 수 있다고 생각합니다.

하지만 순수한 역사적 사실이라는 것에는 역시 회의가 드네요.

그저 정상과학이 실재하기에 기술했을 뿐이다라는 말은 설득력이 부족합니다.

흠….

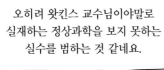
오히려 왓킨스 교수님이야말로 실재하는 정상과학을 보지 못하는 실수를 범하는 것 같네요.

자신의 견해와 맞지 않다고, 실재하는 연구 활동을 없다고 말할 수는 없지 않습니까?

....

험!

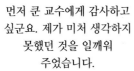
먼저 쿤 교수에게 감사하고 싶군요. 제가 미처 생각하지 못했던 것을 일깨워 주었습니다.

'정상과학' 같은 것 말이지요.

쿤 교수의 요지는 제가 그것을 간과하고 혁명기 과학을 설명하는 것에만 열중했다는 것이지요.

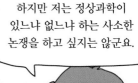
하지만 저는 정상과학이 있느냐 없느냐 하는 사소한 논쟁을 하고 싶지는 않군요.

저 역시 정상과학 시기가 있음을 인정하고, 그 시기와 혁명 시기의 구분이 의미가 있다는 것 또한 이해할 수 있습니다.

정상과학에 대한 인정, 이 지점에서 우리의 토론이 출발해야 한다고 생각합니다.

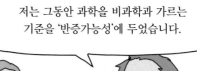
저는 그동안 과학을 비과학과 가르는 기준을 '반증가능성'에 두었습니다.

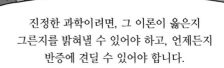
진정한 과학이려면, 그 이론이 옳은지 그른지를 밝혀낼 수 있어야 하고, 언제든지 반증에 견딜 수 있어야 합니다.

과학은 폐쇄적인 것이 아니라, 언제나 비판에 열려 있어야 합니다.

이런 분위기 속에서 과학자는 언제나 합리적이지만, 대담하게 이론을 내세우는 사람입니다.

혁명가처럼 말이죠. 아인슈타인이 그러지 않았습니까?

그는 사유의 혁명가였죠. 이런 대담한 생각, 기존의 도그마에 도전하는 혁명이 과학 속에 있고, 이것이 과학의 본질이자 과학발전의 원천입니다.

그런데 쿤 교수가 말하는 정상과학은 이런 우리의 상식을 정면으로 거스릅니다.

쿤 교수의 정상과학이란, 비혁명적인, 정확히 말하면 어떠한 비판도 없는 지적 활동입니다.

한 시대의 지배적인 도그마를 무조건 받아들이는 것이며, 그 도그마에 대한 어떠한 비판도 원치 않는 태도입니다.

아마 어떤 과학자들은 이런 태도를 가지고 있을 것입니다. 또한 어느 시기에는 이런 태도가 일반적이었을 수도 있습니다.

그러나 쿤 교수는 이런 독단적인 태도, 독단적인 지적 활동을 정상적이라고 표현했습니다. 바로 그 점이 쿤 교수 설명의 가장 큰 문제점이라고 생각합니다.

'정상' 과학자들은 '왜'라는 이유를 묻지 않도록 세뇌당했고 퍼즐풀이 따위를 반복하면서 비판적인 정신을 모두 잃어버렸다…?

쿤 교수는 비판적 태도를 잃어버리고 세뇌당하는 것이야말로 과학자가 되는 방법이고 지극히 정상적인 것이라 주장하는 것입니다.

그런 일들은 '순수' 과학자들이 아니라 '응용' 과학자들이나 엔지니어들에게서 일어납니다. 물론 순수과학의 연구자들도 독단적인 태도를 가질 수 있습니다.

하지만 이런 현상을 '정상'적 이라고 말하는 것은 너무나도 위험합니다.

저는 쿤 교수가 정상과학을 정상적이라고 주장할 때, 큰 과오를 저지르고 있다고 믿습니다.

물론 용어상의 문제를 지적하고 싶지는 않습니다.

그러나 과학사에서 '정상'적인 과학자들은 극소수였다고 생각합니다.

과학의 발전, 나아가 우리 문명의 발전은 기존의 도그마에 대항하는 지적 활동을 통해 이루어졌습니다.

그래서 저는 쿤 박사의 정상과학의 개념은 매우 위험천만한 개념이며, 더 나아가서는 문명의 포기와 연결될 것이라 생각합니다.

포퍼 경께서는 패러다임을 비판 없이 받아들이는 것을 독단주의로 읽으셨군요.

저 역시 정상과학의 특성들이 어떤 상황에서는 독단주의로 흐를 수 있다고 봅니다. 그러나 독단주의가 정상과학 자체의 고유한 특성이라고 볼 수는 없습니다.

앞서 왓킨스 교수의 답변에서도 언급했지만, 저는 정상과학에 대해 실제로 일어나고 있는 일을 말하고 있습니다. 이는 포퍼 경의 물음에도 마찬가지입니다.

우리는 누구나 사고와 인식의 틀을 가지고 살아갑니다.

그 틀이 있어야 우리는 생각을 할 수 있고 무언가를 보고 이해할 수 있습니다.

이 점은 과학자들도 마찬가지입니다. 탐구를 하기 위해서는 탐구를 가능하게 해줄 '틀'이 선행되어야 합니다.

이 틀은, 단순히 우리가 노력만 하면 언제든지 쉽게 벗어날 수 있는 것이 아닙니다.

심지어 우리 자신이 틀과 너무 일체화되어서, 그런 틀이 있다고 생각하지 못하는 경우도 많습니다.

제가 정상과학에서 과학자들의 무비판적인 연구를 표현한 것은 이런 의미에서입니다.

이 틀이야말로 제가 패러다임이라는 용어로 설명하는 것입니다.

포퍼 경은 마치 우리가 이 틀을 간단히 비판하고 폐기할 수 있는 것처럼 말씀하십니다.

"쉽게 비판하고 폐기할 수 있는데 왜 그렇지 않은가, 그렇다면 그것은 독단주의다."라는 거지요.

정상과학을 독단주의로 지적하려면 과학자들이 패러다임을 '비판할 수 있으나 하지 않는다'라는 전제가 필요합니다. 포퍼 경은 이 전제를 상정하고 있습니다.

그런데 정상과학 시기의 패러다임은 그렇게 간단히 벗어날 수 있는 것이 아닙니다.

'비판하지 않는 것'이 아니라 '비판하기가 매우 어려워 거의 불가능한 것'입니다. 이처럼 패러다임의 수용과 비판을 선택할 수 없는 상황에서 비판하지 않는다고 독단주의라 칭하는 것은 설득력이 떨어집니다.

만약 그것조차 독단주의라고 부른다면, 인식의 틀을 갖고 있는 우리 모두는 이미 독단주의자가 되겠지요.

즉 과학자들은 자신들이 가진 패러다임으로 해결할 수 없는 자연현상을 경험하고, 그것을 계기로 패러다임의 전환을 시도하는 것입니다.

우리는 우리가 가진 틀로써 설명할 수 없는 현상과 마주했을 때, 비로소 그 존재를 깨닫게 되고 변화시키려 노력합니다.

요컨대, 패러다임은 포퍼 경의 지적처럼 비판에 의해 바뀌는 것이 아니라 '이상현상'이 출현함에 따라 바뀌게 됩니다.

이것이 과학의 역사가 실제로 우리에게 보여 주는 것입니다.

정상과학에서 혁명의 시기로 넘어가는 과정이지요.

riticism and the Growth of Knowledge

이야기가 자연스레 혁명으로 넘어가는군요. 이제 '혁명'에 대해서 토론하는 편이 좋겠습니다.

저는 쿤 교수가 말하는 과학혁명이 큰 의미가 있다고 생각합니다.

그것은 과학사에서 코페르니쿠스 혁명이나, 양자역학의 혁명 같은 획기적인 개념적 전환이 매우 심오하고 놀라운 것이었다는 걸 잘 드러내 주니까요.

'과학혁명'이란 말은 아주 적절한 표현입니다.

음….

하지만 과학을 정상과학과 혁명기의 과학으로 가르는 구분이 과연 옳은 것인지에 대해서는 회의적입니다.

Criticism and the Growth of Knowledge

저는 과학의 발전에서 '혁명'을 운운하는 것은 합리적인 설명을 포기하는 것이나 다름없다고 생각합니다.

단순히 "그러고 나서 혁명이 일어났다."라고 말하는 게 얼마나 비합리적입니까?

쿤 교수는 설명이 잘 안 되는 불연속적인 지점을 무마하기 위해 혁명이란 개념을 쓴 게 아닙니까?

!

말씀을 드리기 전에, 툴민 교수님의 이야기를 더 들어 보고 싶군요.

그렇다면 과학사를 어떻게 설명해야 한다고 보십니까?

저는 쿤 교수님의 과학혁명이 공약불가능성을 초래할 만큼 전면적인 혁명이 아니라 생각합니다.

뉴턴의 고전역학에서 아인슈타인의 상대성이론으로 넘어올 때,

쿤 교수의 주장대로라면 자신들이 겪고 있는 개념 변화를 깨닫지 못했어야 합니다.

게슈탈트* 전환에 의해서, 상대성이론을 수용한 자는 그것밖에 모를 테니까요.

하지만 과학자들은 자신들이 왜 고전적인 입장에서 상대론적인 입장으로 바꾸었는지를 설명할 수 있었습니다.

그렇다면 고전역학과 상대성이론 사이의 개념 변화가 매우 크더라도, 이것은 혁명적 단절은 아니라는 겁니다.

저는 과학의 발전 과정을 불연속적으로 파악하는 것에 반대합니다.

그 불연속을 다른 합리적 설명들로 메꿔야 한다고 봅니다.

저는 과학적 개념이 서서히 변이한다고 생각하는데, 조금씩 과학이론이 변하고 수정되면서 틀린 것은 도태됩니다.

이는 생명이 진화하는 모습과 비슷합니다. 변이하면서 도태되어 가는…

저는 그렇게 생각하지 않습니다.

● **게슈탈트(Gestalt)** 형태, 형상을 뜻하는 독일어에서 유래한 말로, 우리가 어떤 대상이나 현상을 지각할 때 떠오르는 전체상으로서의 특정한 형태를 가리킨다. 우리는 대상을 단순히 부분의 총합으로서 지각하는 것이 아니라 전체상으로서 특정한 형태를 구성하는 방향으로 지각한다. 착시현상을 게슈탈트 지각을 바탕으로 설명할 수 있다.

과학이론은 점진적으로 변하지 않습니다.

서로 다른 패러다임 사이에는 어떤 커다란 간극이 존재한다고 생각합니다. 이를 서로 다른 패러다임 간에 존재하는 공약불가능성이라 합니다.

네, 그 이야기는 익히 알고 있습니다.

툴민 교수님은 서로 다른 이론을 수용한 사람들이 이를 인지도 못할 정도인가 반문하셨고, 그 정도는 아니라고 말씀하셨죠.

물론 상대성이론을 받아들인 과학자는 고전역학 또한 알 것입니다.

하지만 그가 왜 고전역학과 결별하고, 상대성이론을 받아들였는지를 논리적으로 설명하기는 힘들 것입니다.

고전역학이 예견할 수 없는 현상을 상대성이론이 예측해내서, 상대성이론을 수용했다고 합시다.

하지만 상대성이론에서 제시하는 시간 지연이나 공간의 수축 같은, 고전역학에서는 매우 황당한 이야기를 완전히 다 받아들인 것은 아닐 겁니다.

이를 받아들이기 위해서는 그 과학자에게 상당한 도약이 필요합니다.

음.

공약불가능성이란 동일한 기준에 의해서, 두 이론 중 어떤 것이 옳은지 판단할 수 없다는 것이죠.

즉, 과학적 방법론과 같은 논리적 절차에 의해서 어떤 패러다임의 이론이 옳은지 가려내는 것은 불가능한 것입니다.

그래서 저는 과학자들이 서로를 설득하는 과정이 중요하다고 강조했습니다.

내가 설득의 달인이오!

이 과정을 통해, 과학자들은 어떤 순간, 어느 한 패러다임에 확신을 갖게 됩니다.

이렇게 공통의 확신을 갖는 과학자들은 함께 공동의 연구를 해 나가게 됩니다.

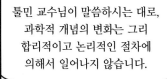

자, 이 망원경으로 달을 한번 보시오.

이는 과학자 구성원에 대한 사회문화사적인 연구이기도 합니다.

저는 이러한 순식간의 단절을 보고자 했죠. 저에게는 이런 측면이 단절로 다가옵니다.

툴민 교수님이 말씀하시는 대로, 과학적 개념의 변화는 그리 합리적이고 논리적인 절차에 의해서 일어나지 않습니다.

그래서 저는 단절의 순간에 나타나는 비합리성을 설명하기 위해서 '혁명'이라는 개념을 썼던 것이죠.

그렇다면 과학자들이 실제로 믿기로 선택한 것이 무엇인지 결정해 주는 요인이 근본적으로 비합리적이고 우연하면서도 개인적인 취향에 달린 문제란 말입니까?

그리고 또 과학은 본질적으로 상대주의적이고 비합리적인 것이라는 겁니까?

결단코 아닙니다!!

라카토슈 교수님, 저는 과학자들이 선택하기로 동의하고 따라서 그 선택을 강력히 주장하는 한, 아무 이론이나 그들이 좋아하는 것을 마구잡이로 선택할 수 있다고 말하는 게 아닙니다.

다른 사람들은 저를 이렇게 바라봅니다. 과학자 집단이 마치 합의만 이루기만 하면 진리가 된다. 혹은 과학에서 권력이 진리를 생산해 낸다고 말이죠.

그래서 과학자들의 패러다임의 선택이나 결단이 매우 임의적이고, 개인적인 취향의 문제라고 저의 말을 오해합니다.

그래서 제가 과학 안에서 비합리성을 옹호한다고 말합니다. 하지만 이것은 저의 논의를 잘못 이해한 것입니다.

다만 무엇이 진리인지를 가려낼 객관적인 심판관이 없기 때문에, 논리적인 토론의 결론이 나지 않음을 말하고 있습니다.

이는 공약불가능성의 문제죠.

이럴 때, 이론의 선택은 설득에 호소할 수밖에 없다는 것이고요.

하지만 여기서 설득은 비합리적인 것이 아닙니다. 과학자들이 비합리적인 것에 홀려 설득될 수 있다고 생각하십니까, 여러분?

과학자들은 적절한 근거가 있어야 그 이론을 수긍합니다.

예를 들면, 그 이론이 얼마나 정밀한지, 세계의 현상을 설명할 수 있는 범위가 어느 정도 되는지,

그리고 얼마나 수학적으로 단순한지, 또 다른 과학을 생산할 수 있는지, 이 같은 판단 근거에 의해 결단 내지 선택을 할 것입니다.

이는 단연코 비합리적인 것이 아니죠.

저를 비합리적이라고 비판하는 사람들은 어떤 절대적인 기준을 가지고 있는 것처럼 보입니다.

과학 내에서 어떤 것이 합리적이고, 비합리적이다를 판단할 그런 기준 말이에요.

저는 이것은 지나친 이상주의라고 생각합니다.

그들은 저를 상대주의자라고 부릅니다.

어떤 이론이 절대적으로 옳은지 그른지를 판별할 심판관이 없음을 말하는 상대주의자, 이러한 의미로 저를 상대주의자라고 부른다면, 기꺼이 인정하겠습니다.

하지만 저를 일종의 불가지론자로서 바라보는 시각은 인정할 수 없습니다.

저는 어떤 이론이 더 좋은 이론인지를 구별할 수 없다고 말하는 그런 식의 상대주의를 주장하고 있지 않습니다.

분명히 과학이론은 여러 가지 기준에 의해 평가될 수 있는 것이죠.

그래서 과학자들은 그러한 기준을 통해 어떤 이론에 대해 확신을 갖고, 그 이론을 따르기로 결단을 내리는 것입니다.

자, 이쯤 되면 정상과학과 혁명에 대해 충분한 토론이 이뤄졌다고 생각합니다.

이제 참석하신 패널과 토론하는 시간을 갖겠습니다.

제가 먼저 발표해 보겠습니다.

안녕하십니까? 컴퓨터 언어학을 하는 마거릿 매스터만* 입니다.

마거릿 매스터만? 저 분은 도대체 누굽니까?

평판이 좋지는 않아요. 다들 '미친 여자'라고 불러요.

● **마거릿 매스터만(Margaret Masterman, 1910~1986)** 영국의 언어학자, 철학자. 특히 계산언어학과 기계번역 연구로 유명하다. 그녀는 「구조」에서 패러다임의 22가지 용법을 분석했다. 흔히 쿤을 비판하기 위해 그녀의 분석을 인용하지만, 실제로 매스터만은 쿤에게 우호적이었다.

사회자님, 마이크 좀 주시겠어요?

예… 뭐 그러시지요.

저런, 마이크가 안 되나요?

아니요. 그걸 쓰려고요.

덥석

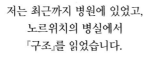

저는 최근까지 병원에 있었고, 노르위치의 병실에서 『구조』를 읽었습니다.

킥킥…

그리고 이 책에서 패러다임에 대한 상이한 용법들을 찾았습니다.

쿤 교수님께서는 무려 22가지 방식으로 패러다임이란 개념을 사용하고 있었습니다. 아마 이보다 많으면 많았지 적지는 않습니다.

22가지 용법이라고?

22가지라고? 할 일도 없군. 병원에서 그것만 헤아리고 있었나?

제가 정리한 패러다임이란 단어는 이렇습니다.

저는 22가지의 표현을 나름대로 세 그룹으로 묶었습니다.

첫 번째는 형이상학적으로 쓰인 용법입니다.

두 번째는 사회학적 의미로 쓰인 경우입니다. 일반적으로 인정된 과학적 업적, 정치적 제도와 같은 것, 받아들여지는 판결 등으로 묘사했습니다.

신념들의 집합, 신화, 표준, 지각 자체를 조직화하는 원리, 하나의 지도 등과 같은 표현들이 여기에 속합니다.

끝으로 세 번째는 인공물, 혹은 구조물 같은 표현으로 패러다임을 설명하기도 했습니다.

실제 사용하는 교과서나 고전으로서, 도구들을 공급하는 것으로서, 언어학상 문법적 패러다임으로서, 게슈탈트 그림으로서 등등.

!

패러다임의 용법을 이렇게 분류한 것은 그 용어가 애매모호하다고 비판하기 위해서가 아닙니다.

쿤 교수를 반대하기 위해서는 더더욱 아닙니다.

쿤의 사상은 분명 우리에게 과학에 대한 새로운 이미지를 선사하고 있습니다.

이 이미지를 더욱 명확하게 이해하기 위해 분류를 시도한 것입니다.

우리는 지금껏 말끔하게 정리된 교과서를 실제 역사인 양 착각하면서, 매우 단순화되고 왜곡된 '누적적 과학관'으로 과학을 이해해 왔습니다.

또한 과거의 과학을 지금의 그것보다 보잘것없는 것으로 폄하하는 경향도 있습니다.

하지만 쿤을 통해 과학자들이 어떻게 연구를 하고 있고, 과학의 역사는 실제로 어떻게 전개되었는지 새롭게 이해할 수 있게 되었습니다.

'과학이란 무엇인가'라는 질문에 대답하기 위해, 과학의 역사를 함께 보아야 한다는 것이 쿤의 중요한 결론 중 하나임을 잊어서는 안 될 것입니다.

아주 놀랐습니다. 처음에는 의구심을 가졌지만, 설명을 들어 보니 매우 적절한 분석입니다.

제 스스로가 헷갈리고 있던 지점을 지적해 주셨습니다. 감사합니다.

쿤 교수의 『구조』는 우리에게 '과학은 무엇인가'라는 물음에 대한 새로운 시각을 제공해 주었습니다.

앞으로 이 새로운 시각을 어떻게 보아야 할지, 쿤 교수를 포함한 우리 모두의 과제가 되겠네요.

쿤 교수를 비롯해 오늘 고생해 주신 토론자분들에게 박수를 보냅니다.

짝짝 짝짝 짝짝...

웅성 웅성

매스터만 선생님!

앞으로도 말씀을 더 듣고 싶은데, 주소를 받을 수 있을까요?

물론이지요.

♪

기잉

내가 상대주의자로 오인받고 있었다니….

패러다임… 이 용어를 좀더 확실히 할 필요가 있겠어.

런던 학회는 쿤이 자신의 생각을 시험에 붙여 정교하게 다듬게끔 하는 계기가 되었다.

『구조』는 과학철학뿐만 아니라 다양한 학문 분야로 파급되어 나갔다. 덩달아 책의 판매도 급속히 증가했으며 여러 언어로 번역되기 시작했다. 쿤은 비로소 과학철학계에 실질적으로 데뷔하게 된 것이었다.

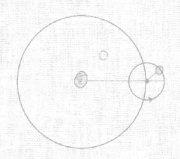

Scientific Revolutions

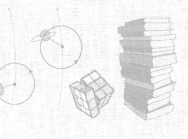

8

질문을
넓혀 가다,
언어와 철학

1969년 스탠퍼드대학

쿤 교수님, 나카야마 시게루* 입니다.

요즘 어떻게 지내십니까?

몇 년 전 런던 학회에서 토론한 내용에 대해 후기를 쓰고 있습니다. 조만간 런던 학회의 논문집이 나올 겁니다.

기대가 되네요. 그리고 교수님, 부탁이 있는데요.

당연히 그렇게 해야지요. 책이 출간된 지 여러 해가 지나기도 했으니까요. 그동안 다른 연구자들의 비판들을 통해 배운 바가 많아요.

『구조』가 일본에서 출판되는데 일본어판에 후기를 써 주셨으면 합니다.

7년 전에는 지나치게 어렵고, 곡해를 낳을 여지가 있는 애매모호한 말들을 많이 썼던 것 같아요. 이번 기회에 바로 잡아야겠네요.

그렇게 해주신다니 감사합니다.

『구조』가 나온 지 벌써 7년이란 시간이 지났다. 쿤은 이 책으로 학계뿐만 아니라, 다른 분야에서도 일약 스타가 되었다.

호평도 받았지만 그런 만큼 혹독한 비판도 받았다. 하지만 쿤은 그런 일에는 별로 신경을 쓰지 않았다.

● **나카야마 시게루(Nakayama Shigeru, 1928~2014)** 일본의 과학사 연구 발전에 힘쓴 과학사학자. 도쿄대학에서 천문물리학을 전공하고, 그 이후 과학사로 진로를 변경했다. 1955~56년, 하버드대학에서 쿤과 함께 연구했다. 1957년에는 영국 케임브리지로 건너가 조지프 니덤과 함께 연구했다. 일본으로 돌아와서는 도쿄대 교수를 지냈고, 『구조』를 번역해서 쿤의 생각을 일본에 소개했다.

그 책은 내 자신의 질문에 대한 거친 대답이자, 과학의 모습에 대한 대략적인 스케치에 불과했다.

'과학이란 무엇인가?'라는 물음을 갖고 과학사를 공부하며 얻었던 내 놀라운 체험들을 기술한 것이니까.

그 체험은 누구에게보다 앞서 스스로에게 설명되어야 했다.

또한 무엇을 공부할지 밝힌 학업 계획서이기도 했다.

『구조』는 내가 내 스스로에게 던진 일차적인 문제제기로서 의미를 두어야 한다.

이제 그 책을 새로운 시작점으로 삼아야 할 때다!

쿤은 『구조』에서 제시한 패러다임, 공약불가능성, 세계 변화와 같은 새로운 개념을 철저히 연구하게 된다. 쿤의 말처럼 이 연구는 『구조』를 씀으로써 자신에게 되돌아온 질문을 더 깊이 탐색하는 과정이 될 터였다. 이러한 과정은 바로 쿤이 그토록 바라던 철학함이었다.

어휴! 다시 보니 못 봐주겠구나.

탁

THE STRUCTURE OF SCIENTIFIC REVOLUTIONS

패러다임의 용법이 22가지나 된다는 매스터만의 이야기는 일리가 있어.

그 같은 용법의 차이는 분명 책에서 구사한 문체의 비일관성에서 비롯된 거야.

뉴턴의 법칙을 패러다임으로 지칭했다가, 때로는 패러다임의 부분으로서, 또 어떤 때에는 '패러다임적'이라고 썼군.

휴~ 이런 혼란스러운 부분들을 수정하는 게 급선무다.

이건 이렇게 고치면 어떨까…?

나름대로 통일성을 갖게 하려고 했지만 아직도 두 가지로 나뉘어.

광범위하게 쓰이는 경우와 좁게 쓰이는 경우.

대체 용어를 찾는 건 어때?

이 두 경우를 모두 아우를 수 있는.

그렇다면 이건 어때?

전문분야 매트릭스
(disciplinary matrix).

글쎄….

별로인가?

아냐 아냐

계속해 보게.

전문분야(disciplinary)란 말은 특정 전문분야 종사자들이 공통적으로 가지고 있는 것을 뜻하지.

매트릭스라는 단어는 다양한 종류의 요소들이 질서를 이루고 있는 것을 뜻하고.

$$A = \begin{pmatrix} a & b & c \\ d & e & f \\ g & h & i \end{pmatrix}$$

행렬함수
행렬 = 매트릭스
matrix

행렬 A는 a, b, c, d, e, f, g, h 같은 다양한 종류의 요소들로 질서 있게 구성된다.

전문분야 매트릭스란 개념은 내가 초판에서 썼던 패러다임들, 패러다임의 부분들, 패러다임적이라고 했던 말들을 모두 포함할 수 있게 된다.

전문분야
매트릭스
=
$$\begin{pmatrix} ☆△패러다임 \\ □◇패러다임 \\ ○★패러다임 \\ 패러다임의\ 부분들 \\ 패러다임적 \end{pmatrix}$$

그렇다면 광범위한 패러다임, 즉 전문분야 매트릭스를 구성하는 요소들을 생각해 보자.

이렇게 하면 패러다임이란 용어가 보다 더 명확해질 거야.

…

전문분야 매트릭스의 구성요소 중 하나는 '기호적 일반화' (symbolic generalization)다.

과학자 공동체 구성원 사이에서 어떤 의문이나 이견 없이 활용되는 표현식이야.

살금 살금

F=ma나 '작용은 반작용과 같다' 같은 것들을 말한다.

깜짝

자네, 내 말 듣고 있나?

이런 표현식들이 과학자 집단에 수용되지 않았다면, 집단의 구성원들은 퍼즐풀이 활동에서 강력한 논리적, 수학적 조작 기법을 적용할 수 없었을 거야.

두 번째로는 패러다임의 형이상학적 부분들. 만약 책을 다시 쓴다면 이를 '특정 모델에 대한 믿음'이라고 쓸 거야.

예를 들어 기체의 운동을 설명하는 기체 운동론을 생각해 보자.

과학자들은 기체의 움직임을 기체 분자의 무작위적 운동으로 생각한다. 기체 분자들이 마치 당구공처럼 무작위적으로 움직이면서 서로 부딪치고 튕겨 나가기도 한다.

하지만 책을 다시 쓸 수는 없겠지. 갈 길이 바쁘니까.

이는 기체가 어떤 형태로 존재하는지에 대한 이야기이다. 분명 하나의 관념적 모델이지만, 이 모델에 대한 신념을 가지고 과학자들은 자신들의 연구를 수행하지.

에른스트 마흐*가 원자의 존재를 부정하며 기체운동론을 주장하는 과학자들과 대립한 것은 마흐가 다른 형이상학적 패러다임을 가졌기 때문이야.

그렇죠?

음…

● **에른스트 마흐**(Ernst Mach, 1838~1916) 오스트리아의 물리학자이자 철학자. 뉴턴역학, 에너지론, 음향학 등 다양한 분야에 공헌했다. 특히 원자를 하나의 모델로서 가정할 수 있을 뿐, 물리적 실재로 보는 입장에 반대했다. 철학적으로 실재론에 대한 중요한 비판을 제기했으며, 감각과 인식론의 분야에서 독창적인 연구를 했다. 아인슈타인의 상대성이론에 영향을 주었다.

세 번째로 과학자들이 가지는 가치.

이것의 예는? 과학자들의 예측, 그리고 어떤 이론에 관해 과학자들이 자연스럽게 가지고 있는 생각이다.

톡톡

예측은 정확해야 하고, 정량적 예측이 정성적 예측보다는 바람직하다.

이것은 과학 공동체 사이에서 광범위하게 공유되고, 자연과학자 전체가 공동체 의식을 갖는 데 매우 커다란 역할을 한다.

이론이란 가능하면 단순해야 하고, 자기정합적이고, 그럴듯해야 하고, 당대의 다른 이론들과 양립해야 하며…

이러한 가치를 공유하지 않으면 과학자가 될 수 없겠지.

마지막으로 범례(exampler).

범례는 실험실에서든, 시험에서든, 또는 과학 교과서의 각장 말미에 실린 연습문제에서든 간에, 학생들이 과학교육을 받기 시작하면서부터 마주치게 되는 구체적인 문제풀이다.

예제와 유제 풀이

이는 과학자 공동체의 미시구조를 아주 잘 보여 준다.

물리학도는 모두 동일한 범례를 배우는 것에서부터 출발한다.

일정한 기간의 문제풀이 과정을 거친 물리학도들은 그들에게 닥치는 문제 상황을 다른 구성원들과 동일한 방식으로 풀게 된다.

결국 물리학도들은 문제풀이를 통해 오랫동안 시험되고 집단이 승인한 상황이나 사물을 보는 방식, 범례를 깊이 체화하게 되는 것이다!

1970년, 쿤의 후기가 덧붙여진 『구조』의 증보판이 출간되었다.

또한 런던에서 열린 국제과학철학 *세미나의 결과물로 『지식의 성장과 비판』이란 자료집이 출간되었다.

차례

1978년, 쿤은 『코페르니쿠스 혁명』, 『구조』에 이어 세 번째 책을 썼다.

『흑체이론과 양자 불연속성, 1894~1912』

그 책은 막스 플랑크에 관한 책이었다. 그는 양자역학의 성립에 초석을 놓은 과학자였다.

에너지를 연속적인 것으로 파악하고 있었던 고전역학의 패러다임 속에서 플랑크는 불연속적 에너지 개념인 '양자'를 제시했다.

하지만 쿤에 따르면 플랑크는 여전히 고전역학적 패러다임 속에 있었다.

그는 자신의 연구결과가 에너지의 불연속성을 시사하는데도 불구하고, 그 결과를 전폭적으로 수용하지 못했다.

에너지가 불연속적일 수 없는데…

하지만 내 연구에도 오류는 없단 말이야….

• 포퍼를 비롯한 과학철학자들이 『구조』를 향해 쏟아낸 반응과 비판에 대해 답하는 형식으로 쓰여졌다. 다른 철학자들의 쿤에 대한 논평들도 실렸다.

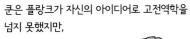

쿤은 플랑크가 자신의 아이디어로 고전역학을
넘지 못했지만,

아인슈타인이나 보어에 의해
양자역학이라는 새로운 패러다임이
출현하는 데 중요한 역할을 했다고 보았다.

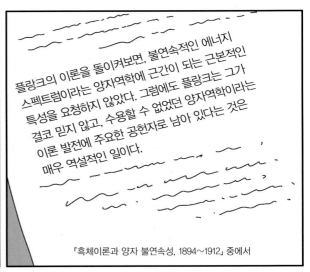

플랑크의 이론을 돌이켜보면, 불연속적인 에너지
스펙트럼이라는 양자역학에 근간이 되는 근본적인
특성을 요청하지 않았다. 그럼에도 플랑크는 그가
결코 믿지 않고, 수용할 수 없었던 양자역학이라는
이론 발전에 주요한 공헌자로 남아 있다는 것은
매우 역설적인 일이다.

「흑체이론과 양자 불연속성, 1894~1912」 중에서

쿤의 새 책에 대한 대중의 평가는 호의적이지 않았다. 사람들은 그의 새 책에서
「구조」에서 다루지 못했던 실제적인 예들을 볼 수 있을 거라고 기대했었다.

양자역학을 전공한 내가
읽어도 무슨 내용인지
이해하기가 힘들어.

전혀 다른 사람이
쓴 책 같잖아! 쿤은
자기자신을 배반했어.

패러다임, 공약불가능성 같은
말들은 더 이상 하지 않기로
작정했나 보군.

스탠퍼드대학

선생님, 그동안
집필하시느라 수고가
많았습니다.

뭘요. 출판사에서 잘 만들어 주신
덕분입니다. 하지만 책에 대한
반응은 의외였어요. 여전히 '첫
책'의 그림자가 드리워져 있어요.

네, 유감스럽게도 그렇습니다.

그런 평가가 불편합니다. 패러다임이란 용어에 집착하지 않으려 조심했건만…

그동안 패러다임이란 용어 자체가 많은 오해를 불러왔죠. 그런데도 계속 이 용어를 쓴다는 것은 잘못된 일이에요.

과학사는 『구조』의 아이디어로만 재단할 수 없습니다. 또한 제가 생각해낸 개념들이 도그마에 빠지는 것을 원치 않습니다.

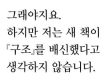

그래야지요. 하지만 저는 새 책이 『구조』를 배신했다고 생각하지 않습니다.

교수님이 말씀하신 대로 단지 『구조』에서 사용한 용어와 개념들이 쓰이지 않았던 것에 불과하니까요.

그렇지요. 제가 『구조』에서 얻은 소중한 경험과 문제제기는 아직 저에게 유효합니다.

이전 책과 같은 용어를 쓰지 않았다고 저에게 실망했다니, 저 역시 그러한 반응에 실망감을 느꼈습니다.

바로 그런 까닭에 전 『구조』의 그림자로부터 벗어나야 해요. 그리고 '과학이란 무엇인가?'라는 질문에 답하기 위해 새롭게 출발해야만 하는 거지요.

이미 정해진 틀로 역사적 증거를 한정하기는 쉽지만, 이로부터 벗어나야 합니다. 『구조』에서 썼던 과학사를 구획하는 틀 말이에요.

세간의 혹평에도 불구하고 그의 새 책은 『구조』를 넘어서려는 노력의 결과였기 때문에 그에게 각별한 의미가 있었다.

그런 점에서 1978년은 의미 깊은 해였으며, 다른 이유에서도 그에게는 중요한 전환점이 되는 해였다.

이해에는 30여 년간 삶을 함께해 온 아내 캐서린과 이별했다.

그리고 쿤을 과학사의 길로 이끌었던 코넌트가 뇌졸중으로 사망했다.

쿤은 십여 년 간 몸 담았던 스탠퍼드대학을 떠나 MIT로 옮겼다.

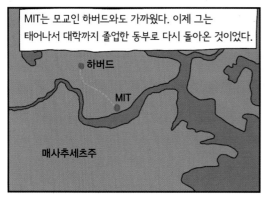

MIT는 모교인 하버드와도 가까웠다. 이제 그는 태어나서 대학까지 졸업한 동부로 다시 돌아온 것이었다.

하버드

MIT

매사추세츠주

어쩌면 이 힘든 시기를 보내기 위해 그에게 고향이 필요했을지도 모른다.

쿤은 공약불가능성이라는 개념의 의미를 철학적으로 탐구하는 데 전념했다.

이는 공약불가능성 개념을 역사적으로 실증하던 종래의 방식과는 완전히 다른 방식이었다.

저는 그동안 『구조』에서 쓰인 공약불가능성 개념이 모호하다는 것을 깨달았습니다.

그래서 비판도 많이 받았지요.

하하하.

공약불가능성이 상대주의나 비합리주의를 말하는 것이 아니냐고 따지는 사람도 많았습니다.

선생님, 『구조』의 공약불가능성 개념이 어떤 측면에서 문제가 되었단 뜻인가요?

분명 그 책에서 저는 공약불가능성을 패러다임과 패러다임 사이의 총체적인 공약불가능성이라 보았죠. 오직 패러다임과 패러다임 사이에서 말이죠.

그래서 저는 『구조』에서 경쟁 패러다임 간의 선택은 논리적 논박과 중립적인 실험에 의해 강제될 수 없다고 말했습니다.

때문에 과학혁명이 이루어지기 위해서는 설득의 과정이 필요하다고 말한 건 다들 아시죠?

이렇게 해서 일어난 패러다임의 전환을 나는 '개종'이나 '게슈탈트 전환'으로 비유했었습니다.

하지만 여러 철학자들과의 토론을 통해 저는 이 개념이 매우 불충분한 개념이라는 것을 깨달았죠.

그래서 그것의 의미를 조금 더 정교화시키고, 범위를 좀더 축소시킬 필요가 있었습니다.

그래서 그 범위를 패러다임 사이의 관계가 아니라, 이론들 혹은 언어들 사이의 관계로 국한했습니다.

그러면서 '번역'을 중요한 분석의 도구로 채택했죠.

번역이 중요한 이론적 도구가 되었다는 것은 무슨 말인가요?

저는 이론과 이론을 비교하는 문제를 번역의 문제라고 간주했습니다.

한 이론과 다른 이론을 조목조목 비교하려면, 적어도 두 이론의 경험적 내용이 어떤 손실이나 변화 없이 번역되어야 하죠. 그래서 이론을 비교하는 문제는 번역의 문제와 마찬가지라 생각했습니다.

하지만 이론과 이론 사이의 번역이 그리 쉽지 않죠. 왜냐면 한 언어에서 다른 언어로의 번역 과정에서 어떤 단어는 원래의 의미가 미묘하게 변하니까요.

때문에 한 이론의 언어를 다른 이론의 언어로 정확히 옮긴다는 것은 불가능합니다.

저는 이러한 번역의 실패를 공약불가능성이라고 보았고,

이것이 바로 이론과 이론 사이를 공약불가능하게 하는, 즉 직접적으로 비교 불가능하게 하는 이유가 된다고 생각했습니다.

1981년 10월의 어느 일요일, 쿤은 제한이라는 여인과 재혼했다. 이때 쿤은 예순의 나이였고, 제한은 마흔두 살이었다.

제한 바턴 번스(Jehane Barton Burns), 그녀는 급진적 구성주의자 에른스트 폰 글라저스펠트(Ernst von Glasersfeld) 밑에서 공부했다.

급진적 구성주의는 우리의 지식이 객관적 실재를 반영하는 것이 아니라 우리의 경험에 의해서 구성되는 것이라고 보는 입장이다.

글라저스펠트는 이런 구성주의적 방식으로 과학교육, 과학철학에 접근했다. 이를 보아 제한과 쿤의 만남은 학문적 만남에서 출발한 것으로 보인다.

이후 쿤은 과학사에 기여한 학문적 업적을 인정받아 여러 상을 받게 된다.

1982년에는 조지 사튼 메달을 수상했다.

조지 사튼 메달은 과학사 연구자에게 주어지는 가장 영예로운 상이다. 과학사 분야에서 평생에 걸쳐 두드러진 학문적 업적을 이룬 학자에게 수여된다.

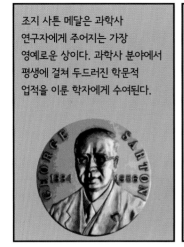

1983년에는 버널 상을 수상했다. 이 상은 과학기술학 분야에서 주목할 만한 공헌을 한 연구자에게 수여된다.

하지만 아이러니한 것은 쿤이 이 분야들과 거리를 두려 했다는 데 있다.

과학사 연구자에게 수여하는 조지 사튼 메달을 받을 때, 쿤은 이미 과학사를 떠나 과학철학에 매진하고 있을 때였다.

쿤의 사상이 과학기술학이라는 분과 학문을 만들도록 촉발했지만, 정작 쿤은 자신을 과학기술학적 논의와 연결시키는 것을 달가워하지 않았다.

1984년

선생님, 한번 읽어 보세요.

데이비드슨* 교수가 선생님의 공약불가능성 개념을 비판하는 논문이에요.

개념적 도식이라는 바로 그 아이디어에 대하여, 도널드 데이비드슨…

On the Very Idea of a Conceptual Scheme*

DONALD DAVIDSON

Philosophers of many persuasions are prone to talk of conceptual schemes. Conceptual schemes, we are told, are ways of organizing experience; they are systems of categories that give form to the data of sensation; they are points of view from which individuals, cultures, or periods survey the passing scene. There no translating from one scheme to another, in which ca one person have no true counterparts for the subscriber to an beliefs, desires, hopes and bits of knowledge that characterize me scheme. Reality itself is relative to a scheme: what counts as may not in another.

개념적 도식이라… 이건 내가 말한 패러다임을 일컫는 말인가 보군.

쿤 교수에 따르면, 과학자들은 항상 당대의 지배적인 패러다임 속에서 연구를 한다.

『구조』에서 그는 혁명 이전과 이후의 과학자들은 "각기 다른 세계에 산다"고 말한다.

• 도널드 데이비드슨(Donald Davidson, 1917 ~ 2003) 미국의 현대철학자. 언어철학과 심리철학 분야에 큰 업적을 남겼다.

쿤 교수는
이를
공약불가능성
이라고
말한다.

··· 나는 다음과 같은 의문이 든다.
사람들이 오직 하나의 패러다임
속에서 살아가고,

오직 하나의
패러다임만 이해할 수 있다면, 그
패러다임의 언어를 다른 패러다임의
언어로 번역할 수 없다면, 쿤 교수 자신은
어떻게 역사를 연구할 수 있을까?

또한 요즘
그는 공약불가능성을
번역 불가능성이라고
정교화했지만
그 개념은
여전히 불충분하다.

쿤 교수는 우리가 이전 과학을
이해할 수 없다고 말하면서도,
이전 과학을 우리에게 설명하기
위해서 역사적 연구를 하고 있지
않은가?

그의 공약불가능성의 개념을 엄밀하게
사용한다면, 이전 과학과 이후 과학을 비교할 수
있는 공통의 토대가 존재하지 않는다.

이런 공통의 토대 없이 그들의 차이점,
즉 공약불가능성을 말하는 것은 어불성설이다.

우리는 우리가 사는 세계 이외에
그 어떤 것도 생각할 수 없으며,
결국 공약불가능성이라는
개념조차도 인지할 수 없다.

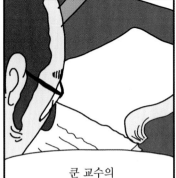

쿤 교수의
공약불가능성은 일관성을
결여한 개념이다.

·········

며칠 후

흠, 결국 데이비드슨 교수는 내가 스스로 쳐 놓은 함정에 빠진 것이라 말하고 있군.

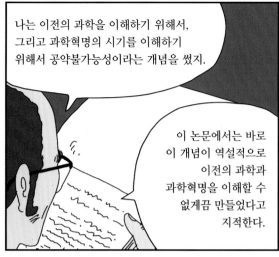

나는 이전의 과학을 이해하기 위해서, 그리고 과학혁명의 시기를 이해하기 위해서 공약불가능성이라는 개념을 썼지.

이 논문에서는 바로 이 개념이 역설적으로 이전의 과학과 과학혁명을 이해할 수 없게끔 만들었다고 지적한다.

공약불가능성이란 말을 문자 그대로 해석한다면, 데이비드슨 교수의 비판은 옳아.

하지만 그는 공약불가능성을 과도하게 철저한 것으로 해석하고 있는 것 같군.

자네 생각은 어떤가?

일부는 옳은 말도 있었고 일부는 아닌 것 같기도 한데…

어쨌든 선생님이 하신 그 말씀은 맞습니다.

어떤 것 말인가?

데이비드슨 교수는 공약불가능성을 너무 지나치게 해석했다는 거죠.

공약불가능하면 번역 불가능하다. 물론 이건 선생님의 견해죠. 하지만 여기서부터가 문제입니다.

"그래서 이해 불가능하다!"

맞아. 나도 그 부분에서 걸렸네.

234

하지만 우선 이 세상에 어떤 언어나, 어떤 패러다임 사이에 완벽한 번역이란 없네.

만약 어떤 단어를 그 그물망 속에서 분리한다면 그 단어는 원래 가지고 있던 의미를 잃어버리게 되지.

그것은 과학적 체계, 개념적 도식은 그 구성요소들이 내적으로 상호의존적인 그물망 속에 자리하기 때문이야.

하지만 완벽한 번역이 불가능하다고 해도, 다른 패러다임의 과학이 이해될 수 없다고 말하는 건 너무하지. 어디 그런 일이 벌어지는가?

외국어의 습득을 예로 들어보자고.

우리 과학사가들은 원시부족의 언어를 배워 가며 그들의 삶과 문화를 이해해 나가는 인류학자와 비슷하네.

인류학자는 어린 아이가 언어를 배우듯이 부족의 언어를 배우지.

물론 인류학자가 가지고 있는 세상을 보는 틀, 개념적 도식은 원시부족의 그것과는 다르지.

또한 원시부족들이 쓰는 단어들 중 우리말로 옮기지 못하는 것도 있지.

아니면 아예 우리말에 없는 단어가 원시부족의 언어에는 있을 수도 있지. 그 반대도 마찬가지이고.

하지만 그렇다고 우리가 원시부족의 말과 문화를 이해하지 못하는 것은 아니란 것이지.

맞습니다. 인류학자는 그곳에서 접한 몇몇 단어를 자신의 언어로 번역하고, 이를 토대로 원시부족을 이해하는 언어적 체계를 점차 넓혀 나가겠지요.

그렇지. 과학도 이와 마찬가지네. 서로 다른 이론들 사이에도 서로 번역 가능한 개념들이 있지.

이를 따라가 보면, 서로 다르다 할지라도 다른 이론을 이해 못할 일은 없어.

번역 행위는 단순히 어떤 단어들을 일대일 대응으로 번역하는 일이 아니야. 그것은 그 단어의 의미를 구체화하는 것이지.

즉 번역 행위란 해석하는 작업이지.

그러면서 서로의 패러다임에 대한 이해의 지평이 넓어질 수 있는 것이네.

고로, 공약불가능하다고 해도 서로 이해는 할 수 있지.

공약불가능성에 이런 오해가 발생하다니. 내가 제시한 개념에 약간의 수정이 필요할 것 같군.

내가 말한 공약불가능성이 이론과 이론 사이의 총체적인 공약불가능성으로 이해될 수도 있고, 지극히 국소적인 공약불가능성으로 이해될 수도 있겠군.

그래서 데이비드슨 교수처럼 공약불가능성을 전면적인 소통 불가능성으로 해석하는 경우가 생기는 거야.

쿤은 공약불가능성이 다른 이론 사이에 '국소적으로' 존재하는 것으로 수정했다.

탁탁…

그렇게 축소된 공약불가능성의 개념은 단어 대 단어, 문장 대 문장처럼 패러다임을 구성하는 국소적인 요소들이 번역 불가능함을 의미한다.

번역불가능

이는 개념적 도식, 패러다임의 특성 때문이다.

패러다임의 구성요소들은 내적으로 상호의존적이다. 쿤은 과학 공동체가 그들만의 렉시콘(lexicon), 즉 분류적 체계를 갖는 어휘들의 네트워크를 공유한다고 생각했다.

용어의 의미는 다른 용어들과 부분적으로 연관되어서 정의된다.

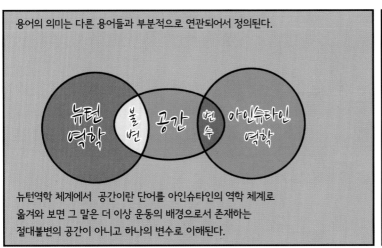

뉴턴역학 체계에서 공간이란 단어를 아인슈타인의 역학 체계로 옮겨와 보면 그 말은 더 이상 운동의 배경으로서 존재하는 절대불변의 공간이 아니고 하나의 변수로 이해된다.

이렇게 공간이라는 단어가 그 맥락으로부터 분리된다면, 그 의미가 변하게 된다.

결국 주요 용어들이 그 패러다임의 다른 어휘들과 분리될 수 없기 때문에, 서로 다른 패러다임 사이에는 번역될 수 없는, 이해 불가능한 지점이 국소적으로 존재하게 된다.

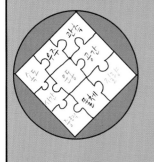

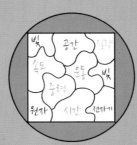

이것이 바로 국소적인 공약불가능성이다.

이러한 수정은 공약불가능성 개념을 대폭 축소시킴으로써 과학혁명은 더 이상 개종에 버금가는 패러다임의 전환이 아니라 단지 어휘집의 변화가 되어 버렸다.

쿤은 자신의 공약불가능성 개념이 좀더 정합적이길 원했기에 데이비드슨의 비판을 받아들인 것이었다. 이로써 쿤은 의미론적 상대주의자라는 오해로부터 벗어날 수 있었다.

국소적 공약불가능성이란 개념은 두 이론이 어느 하나로 환원될 수 없는 독립된 체계로 존재할 수 있다는 것을 만족시켜 줄 수 있고, 동시에 이들이 서로 비교 가능할 수 있다는 점도 만족시켰다.

쿤에게 있어서 이러한 수정은 언어학적 전회였다.

지금까지 과학사 연구를 통해 패러다임 사이의 관계를 공약불가능성이라 칭했던 것과 달리, 이제는 언어의 의미론적 측면만을 고려하여 개념을 다듬었기 때문이다.

쿤에게는 이것이 철학함이었다.

다른 학자들의 비판에 열려 있으면서, 끊임없이 자신의 작업을 성찰하고 수정해 가는 것. 이것이 진리에 한걸음씩 다가가는 쿤의 철학적 작업이었던 것이다.

철학을 향한 쿤의 열정은 지치지 않았다. 그는 퍼트넘, 콰인 같은 당대 최고의 철학자들과 내실 있는 비평을 주고받으면서 철학적 개념의 문제를 검토하고 또 검토해 나갔다.

쿤은 학자 초기부터 가져왔던 질문들에 스스로 답하며 성숙한 과학철학자가 되어 가고 있었다.

1988년에는 그토록 바라던 철학계의 인정을 받는다. 과학철학회 회장에 취임하였던 것이다.

이로써 물리학도로 연구 인생을 시작한 한 청년은 66세가 되어 과학철학계의 중심에 서게 되었다.

● **힐러리 퍼트넘**(Hilary Putnam, 1926〜) 미국의 현대 철학자이자 수학자. 1960년대 이후 분석철학에 중요한 공헌을 했으며, 심리철학, 과학철학, 수리철학에 관해서도 연구했다.

● **윌러드 콰인**(Willard van Orman Quine, 1908〜2000) 미국의 현대 철학자이자 논리학자. 20세기 후반 영미철학에 가장 큰 영향력을 끼쳤다. 수학자이자 철학자로 이름 높은 영국의 화이트헤드를 사사했으며, 프래그머티즘의 입장에서 논리학에 접근했다.

9

아직
끝나지
않은 길

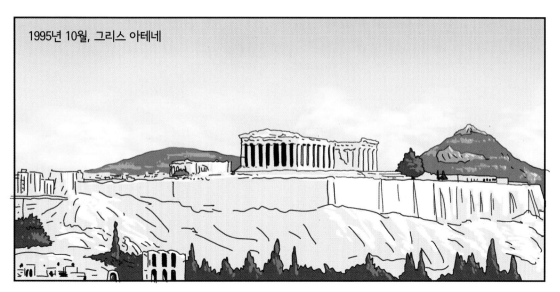

1995년 10월, 그리스 아테네

쿤 교수님, 인터뷰에 응해 주셔서 감사합니다.

이렇게 아름다운 곳에서 훌륭한 과학자들과 이야기할 수 있어서 기쁘네요.

교수님과 인터뷰 하기를 애타게 고대했습니다. 아테네대학에서 교수님께 명예박사학위를 수여한다는 소식을 듣고 기회를 놓치고 싶지 않아 이렇게 달려왔죠.

건강은 좀 어떠합니까?

작년에 폐암 판정을 받았어요. 최근에 좀 나아지긴 했는데 담배를 좋아해서 완치되긴 어려울 것 같네요. 허허.

………

241

자, 어떤 이야기를 해드릴까요?

교수님의 일생과 학문에 대해서 듣고 싶습니다. 교수님은 논쟁과 토론을 숱하게 하셨지만, 그 이면의 개인적인 이야기는 하지 않으셨더군요.

아무도 궁금해하지 않았나 보죠? 하하.

호호, 이제 궁금해할 겁니다.

1962년에 『구조』를 출간하셨는데요. 1965년 런던 심포지엄 이후에 『구조』가 가진 폭발력이 드러났습니다. 그후 교수님과 포퍼 경 사이에 있었던 큰 논쟁에 대한 소문이 퍼지기 시작했습니다.

허허, 그 얘기가 틀렸다고 할 수는 없지만, 저라면 그렇게 말하지 않을 거예요.

왜냐하면 1965년의 심포지엄에서 어떤 특별한 사건이 있었다고 생각하지 않기 때문입니다.

포퍼 경과의 입장 차이를 재확인했을 뿐, 내 자신에게 지적 자극을 일으키지 못했거든요.

그해 이후, 많은 철학자들이 저에게 관심을 기울이기 시작했지만. 사실 초기에는 사회과학자들만이 독자였지요.

하긴 그 토의에서 패러다임이 모호하다는 것을 알았고, 그래서 이후 패러다임 개념을 변호하거나 정교화하는 작업을 하게 되고, 패러다임을 제외하고 기술하려는 시도를 하게 되었으니 절차로서는 의미가 있었네요.

사람들은 애초부터 저에게서 '패러다임'만 골라내어 봅니다.

그게 잘못된 것은 아니지만, 분명 그로 인해 제가 정말 말하고자 하는 것들을 설명하기가 힘들어진 것도 사실입니다.

당시 학생들은 저에게 와서 이렇게 말했습니다.

패러다임에 관한 설명 잘 읽었습니다. 이제 패러다임이 무엇인지 알았으니, 패러다임을 없애 버리고 연구할 수 있을 것 같습니다.

저는 완전히 당황했습니다. 패러다임 없이 연구하자는 뜻이 아니라 패러다임이 있기 때문에 연구도 하고 과학도 발전할 수 있다는 뜻인데 말입니다.

저런···.

패러다임을 오해하여 생긴 재미있는 해프닝이었군요.

그때 세계는 68운동*의 파고 속에 있었지요?

그랬지요. 아, 한 이야기가 생각나는군요. 그 야단스런 시기에 있었던 일입니다. 한번은 프린스턴대학의 학부생 세미나에 초청받은 적이 있었습니다.

클록

학생들과 함께 토론을 했는데,

나는 그렇게 말하지 않았습니다!

나는 그렇게 말하지 않았습니다!

나는 그렇게 말하지 않았습니다!

저는 계속해서 "나는 그렇게 말하지 않았습니다!" 라는 말만 되풀이해야 했어요.

• **68운동** 1968년 무렵, 전 세계로 확산되었던 저항운동 혹은 사회문화혁명의 흐름을 가리킨다. 관료주의와 권위주의, 자본주의적 생산체제와 물신숭배, 인간 소외와 자유의 억압, 68운동을 주도한 학생들이 타파하려고 했던 기성의 가치들이다. "행동하라", "금지를 금지하라", "사랑할수록 더 많이 혁명한다", "불가능한 것을 요구하라" 등 주옥같은 구호들을 내걸고 학생들은 대학을 점거하고, 노동자들은 총파업을 벌였다. 68운동의 시작은 베트남전쟁이었지만, 이를 도화선으로 전 세계 학생과 시민들이 반전과 자유를 외쳤고 이러한 흐름이 68운동으로 번졌다.

결국 나를 그 세미나에 초대한 내 지도 학생이 다른 학생들에게 말했지요.

"여러분은 이 책이 완전히 보수적인 책이라는 사실을 알아야 합니다."

오호. 그런 일이 있었군요. 그 학생들 꽤나 놀랐겠는데요? 68혁명과 함께 과학의 혁명을 이룰 사람으로 쿤 교수님을 초대했을 테니까요.

모든 학문들 중에서 가장 엄격하고 또 어떤 환경에서는 가장 권위주의적인 것이 어떻게 가장 새롭고 창조적인 것일 수 있는지 설명하는 것, 이것이 저의 핵심입니다.

무엇보다 궁금한 건 쿤 교수님의 최근 작업입니다.

저는 요즘 과학의 발전과 진화론의 유사성을 연구하고 있습니다.

아주 오래전 『구조』에서 과학이 어떤 목표를 향해 발전해 나가는 것이 아님을 보여 주기 위해 과학의 발전을 진화에 비유했습니다.

과학은 점점 가지를 분기시켜 나가는 관목과도 같다, 라고요.

과학적 지식의 성장은 마치 '진화의 나무' 같은 패턴을 따른다고 생각합니다.

하나의 종에서 다른 독립된 종이 여럿 분기되어 나가듯이, 과학지식 역시 하나의 전문적인 영역을 형성하게 되어서, 다른 전문 영역과의 의사 소통이 필요없게 됩니다.

바로 이러한 의사소통의 장벽이 공약불가능성이라 할 수 있습니다.

콜록 콜록

공약불가능성이 생기고, 공동체가 세분되어 독립된 전문영역의 수가 증가함에 따라 과학지식은 성장하게 되는 것이지요.

우리는 전문영역의 증식과 그것의 확산 정도에 의해서 과학이 어느 정도 발달했는지를 가늠할 수 있겠군요.

앞으로 선생님이 쓰실 책이 기대됩니다. 건강에 유의하셔서 선생님의 좋은 책을 꼭 볼 수 있었으면 합니다.

그래야지요. 하하.

쿤은 학문적 삶이 끝에 다다른 1990년대부터 진화론을 통해 과학의 발전 양상을 새로이 보려고 시도했다.

『구조』에서 이 주제는 그가 앞으로 해결해야 할 숙제 정도로 가볍게 연구되었을 뿐이다.

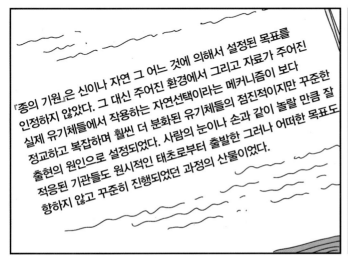

『종의 기원』은 신이나 자연 그 어느 것에 의해서 설정된 목표를 인정하지 않았다. 그 대신 주어진 환경에서 그리고 자료가 주어진 실제 유기체들에서 작용하는 자연선택이라는 메커니즘이 보다 정교하고 복잡하며 훨씬 더 분화된 유기체들의 점진적이지만 꾸준한 출현의 원인으로 설정되었다. 사람의 눈이나 손과 같이 놀랄 만큼 잘 적응된 기관들도 원시적인 태초로부터 출발한 그러나 어떠한 목표도 향하지 않고 꾸준히 진행되었던 과정의 산물이었다.

쿤은 말년에 이르러 자신의 이론에 본격적으로 진화론을 도입하여 새로운 도전에 나선 것이었다.

쿤에 따르면, 과학이론의 분화는 종의 분화와 유사하다. 하나의 종에서 다양한 종들이 분화되듯, 과학에서도 하나의 분야에서 전문화된 여러 영역이 분화하여 나온다.

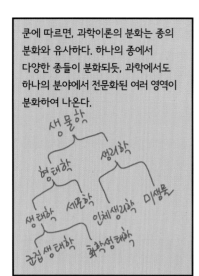

분화된 전문영역에는 저마다 그에 상응하는 과학자들이 살고 있다.

이렇게 분화된 전문영역들은, 서로 다른 종들이 생식적 장벽에 의해 분리되어 있는 것과 마찬가지로 각각 독립적이며 불연속한다. 즉 공약불가능하다.

그들은 서로 다른 세계에 살고 있는 것이다. 그 다른 세계를 쿤은 현상적 세계라고 했다.

쿤은 그동안 패러다임의 변화가 완전히 다른 현상적 세계의 경험을 야기한다고 하여 상대주의자라는 오명을 쓰고 있었다.

수(水)구

지구

난 아냐.

한데, 이제 그는 진화론의 관점을 전폭적으로 수용하여 그 오랜 오명에서 벗어나려고 하고 있었다.

과학자들이 사는 세계는 마치 생물들이 생태계 안에서 차지하는 생태적 지위와 같습니다. 생태적 지위란 자연과 특정 생물종 사이에서 형성되는 고유한 것이기 때문입니다.

현상적 세계가 복수적으로 실재한다는 주장을 '생태적 지위'라는 개념으로 설명하려고 한 것이다.

예를 들어, 참새가 먹는 '곡식'이라는 세계가 바로 참새의 생태적 지위다.
'곡식'이라는 환경은 참새에 앞서 존재하지 않는다. 이것은 오로지 참새와의 관계 속에서 주어진다.
그 관계가 주어지면 참새의 생태적 지위가 자연 안에 엄연히 실재하게 된다.

벼

옥수수

수수

짹!

= 이론, 학파

= 과학자

패러다임이 다분히 주관적 요소를 내포하는 개념이었다는 사실을 상기해 본다면, 생태적 지위라는 개념에서 쿤이 의식적으로 부각시키고 싶었던 것은 그것이 자연의 일부라는 측면임을 알 수 있다.

관념론이나 주관론에 빠지지 않으면서, 과학적 실재로서 가능한 생태적 지위, 즉 과학자들이 기거하는 현상적 세계를 그릴 수 있게 된다. 그리고 그 세계는 복수적으로 실재하는 것이 가능해진다.

설명하는 데 30년 걸렸네 쩝···.

과학자들은 현상적 세계를 실제로 경험하고, 그 속에서 연구하며 살아간다.

쿤이 말년에 그린 이 장엄한 철학적 세계의 모습은 그가 계획했던 책의 제목에서도 드러난다.

세계의 다수성
— 과학적 발견의 진화론

토머스 S. 쿤

쿤은 과학의 발전은 이러한 현상적 세계의 복수화이며, 패러다임의 전환은 새로운 현상적 세계와 새로운 과학 세대의 탄생이라는 사실을 알아 가고 있었다.

그러나 이 새로운 도전은 책으로 결실을 맺지 못하고 이름으로만 남았다.

1996년 6월 17일 월요일.
토머스 새뮤얼 쿤은 폐암 선고를 받은 지 1년이 되던 해 영원히 눈을 감았다.
향년 73세였다.

뉴욕타임스와 MIT 학보에 그의 부고가 실렸고, 그해에 『구조』의 세 번째 판이 출간되었다.

쿤은 '과학이란 무엇인가?'라는 질문에 대한 답으로서 1962년 『구조』를 세상에 내놓았다. 그는 그 책에서 과학사와 과학철학을 넘나들며 과학의 새로운 모습을 찾아냈다. 그리고 그 책은 그가 앞으로 걸어가야 할 학문의 길을 제시했다.

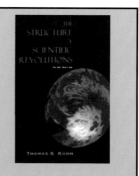

쿤은 『과학혁명의 구조』를 이렇게 부른다.

'그 책'!

'그 책'은 언제나 새로운 길을 열어 주었고, 동시에 그로 하여금 '그 책'을 넘어서도록 했다.

그는 '그 책'의 영향력 속에 있으면서도, 이를 끊임없이 뛰어넘었다.

쿤의 여정은 끝이 났지만 그가 남긴 미완의 저서는 우리에게 새로운 길을 떠나라고 말하는 듯하다.

세계의 다수성
— 과학적 발견의 진화론

토머스 S. 쿤

사람들은 『구조』 이후 쿤이 걸어왔던 길을 회고했다.

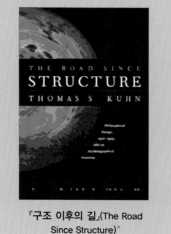

『구조 이후의 길』(The Road Since Structure)*

이 책에는 『구조』 이후 쿤이 품은 문제의식이 담겨 있다. 그는 후세들에게 그 질문에 대한 답을 찾아가는 긴 여정을 숙제로 남겼다.

● 『구조 이후의 길』(The Road Since Structure) 1979년부터 1993년까지 쿤이 쓴 논문 모음집. 2000년에 출판되었다.

토머스 쿤의
학문적 여정

쿤은 누구보다도 과학에 대해 깊이 사유했던 과학철학자다. '과학이란 무엇인가'를 끝없이 질문하고 고민했던 쿤의 학문적 인생은 위대하다. 그의 이러한 노력이 수많은 철학자, 사회학자, 역사학자에게 영향을 미쳤다는 점에서 위대하다는 수식어는 정당하다. 쿤은 전 생애에 걸친 지적 경로 속에 다양한 흐름들을 형성해 놓았다. 그것은 역사, 철학, 사회학, 심리학, 인지과학을 망라한다. 이러한 흐름들 속에서 우리는 쿤의 일관되지 못한 면모를 보기도 한다. 이 때문에 쿤은 많은 비판을 받기도 했다. 하지만 쿤의 사상 속에 존재하는 수많은 흐름 덕택에 많은 연구자들은 과학을 다양한 각도로 바라볼 수 있게 되었다.

쿤의 훌륭한 제자들 중 한 명이었던 헤일브론은 쿤을 이렇게 평가한다. "그는 당시의 과학에 대한 사람들의 이해를 바꿨으며, 그와 함께 과학의 문제들을 탐구하는 이들을 위해 세계에 도전장을 내밀었다. 그가 성취한 업적을 설명하는 것은 쉽지는 않다. 그는 하나의 학술분야에서 다른 분야를 넘나들었다."

이러한 다양한 흐름들은 쿤 자신의 생각이 변화에 변화를 거듭하면서 형성되었다. 쿤의 학문적 여정은 크게 두 시기로 나눌 수 있다. 첫 번째 시기는 '역사적 전회'의 시기다. 쿤은 아리스토텔레스를 공부하는 과정에서 얻었던 '아하! 체험'을 통해 과학사를 새롭게 사유한다. 쿤은 승자 중심적이고 축적적인 기존의 역사관을 뛰어넘어 과학사의 새로운 이미지를 창안해낸다. 이 시기의 쿤은 실제적인 인식 과정과 '실제' 과학의 역사를 무기로 삼아 기존의 과학상을 변혁하고자 했다. 이런 점에서 전기의 쿤은 경험주의적이고 자연주의적이라 할 수 있다.

두 번째 시기는 쿤이 '언어적 전회'를 감행한 시기다. 『과학혁명의 구조』 이후, 쿤은 자신의 이론에 대한 철학적 문제들에 답하려고 노력했다. 이를 위해 언어적 의미론으로 관심을 돌리게 되면서 특히 공약불가능성의 문제에 천착한다. 다른 철학자들과의 만남을 통해 공약불가능성을 수정하고 정교화시켰다.

전기와 후기의 쿤의 학문은 분명 그 성향이 다르다. 전기에는 과학에서 실제로 벌어지는 활동과 보이는 대로의 현상을 '기술'하고 '설명'하려고 했다. 또 게슈탈트 심리학처럼 실제 인간의 인식에 관한 경험적인 연구의 도움을 받아 과학을 철학적으로 이해하려고 했다. 이런 점에서 쿤은 자연주의적 성향을 가졌다고 할 수 있다. 반면 후기에는 비트겐슈타인의 언어철학에 의존해서 공약불가능성을 비롯한 자신의 이론을 의미론적 차원으로 바라본다. 이는 자연주의적 방법이 아니라 사변적이고 선험적인 방법이라 할 수 있다.

쿤(왼쪽)과 파이어아벤트(가운데)가 편안한 한때를 보내고 있는 모습.

쿤의 상반된 연구방법에 대한 과학철학자들의 평가는 각기 다르다. 『구조』에 대한 평가를 제외한 상당수의 평가가 그의 연구방법론에 할애된다. 특히 미완의 저서 『세계의 다수성: 과학적 발견의 진화론』에서 나타난 진화론적 모델에 대한 평가를 보면 그렇다. 어떤 연구자들은 쿤이 과학적 발전이 다윈주의적인 진화의 방식과 유사하다고 주장함으로써 끝까지 자연주의적 태도를 취했다고 주장한다. 그들은 쿤의 언어적 전회는 그의 개념을 언어적으로 협소하게 다루었다는 점에서 아쉬운 부분이라고 말한다. 하지만 그들이 보기에 말년의 쿤은 공약불가능성이라는 문제를 해결하기 위해 심리학이나 인

지과학 같은 경험적 근거들을 활용하려는 야심찬 계획을 가지고 있었다. 책이 마무리되지 못해 이 계획은 실행되지 못한 것이 아쉬울 따름이다. 반면 다른 연구자들은 진화론적 모델이 잘못되었다고 비판한다. 그들이 보기에 이러한 작업은 과학에 대한 철학이 아니라, 과학에 대한 일종의 과학이며, 과학철학을 과학주의로 퇴행시킨 일이다. 그런 의미에서 진화론적 모델은 과학의 발전을 진화론에 빗대어 설명한 비유에 한정되어야만 한다고 본다.

이처럼 쿤의 마지막 작업을 놓고 과학철학자들의 평가는 엇갈린다. 어떤 과학철학자들은 쿤을 여러 분야를 떠돈 과학철학의 외부인으로 평가하기도 한다. 또 그의 과학철학의 혁명성을 다소 축소해서 받아들이기도 한다. 보통 그를 논리실증주의자와 논쟁을 벌였다고 생각하지만 실은 그렇지 않았다는 것이다. 이처럼 분분한 평가에도 불구하고, 쿤이 과학철학계에 미친 영향은 매우 크며, 다양한 흐름들을 주도해 왔다는 사실만큼은 이론 없이 인정되는 바다. 쿤에 의해 1960년대에 새로운 과학철학이 태동되었고, 그 흐름이 지금까지 이어지고 있다. 쿤이 개진했던 공약불가능성의 개념은 아직도 과학철학의 연구주제로서 큰 영향력을 미치고 있으며, 역사적으로 정향된 과학철학 또한 과학철학에서 한 흐름을 이루고 있다.

10

이러쿵저러쿵 에필로그—

쿤을 넘어서
'포스트
정상과학'으로

쿤과 『과학혁명의 구조』, 이 둘은 잘 어울리면서도 어색한 사이 같아.

자기가 쓴 책과 어색한 사이라고?

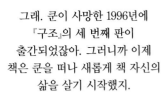
그래. 쿤이 사망한 1996년에 『구조』의 세 번째 판이 출간되었잖아. 그러니까 이제 책은 쿤을 떠나 새롭게 책 자신의 삶을 살기 시작했지.

『구조』가 쿤의 의도를 벗어나서 읽히게 되는 지점을 말하는구나.

이게 쿤과 『구조』 사이의 아이러니 아닐까? 자신의 생각이 오해되었기에 더 유명해졌다는 아이러니. 참 난감했을 거야.

되짚어 보면, 쿤은 혁명의 흐름이 꿈틀대는 1960년대를 살았지만, 그 흐름 속으로 들어가지 않았어.

그의 스승 코넌트와 하버드 물리학과 학생들은 원자폭탄을 제조하는 데 결정적인 역할을 했지만 정작 쿤은 침묵했잖아.

훗날 인터뷰에서 그것에 대해 얘기했지.

원자폭탄에 대해서는 당시 잘 알지 못했어요. 많은 사람들이 그것에 대해 의견을 냈지만 저에게는 별로 중요한 일이 아니었습니다.

버클리에서도 마찬가지였어. 당시, UC버클리는 급진적인 반전시위로 유명했잖아. 그런데 쿤은 여전히 무반응이었지.

반면 파이어아벤트는 달랐어. 당시 그는 반전운동을 계기로 포퍼식 과학관에서 자신만의 독자적 사상으로 돌아섰거든.

그래도 쿤의 '혁명' 개념만큼은 인정해 줘야 해. 냉전 직후 미국에서 혁명을 언급한다는 것은 스스로를 공산주의자라고 시인하는 것과 같았으니까.

정말 용감했지. 그런 상황에서 과학혁명을 정치혁명에 비유했으니, 사람들은 당연히 공산혁명을 떠올렸을 거야. 냉전시대에 쿤의 이야기는 상당한 거부감을 불러일으켰겠지.

그러나 분명한 건 쿤이 '혁명'이란 단어를 사용했다고 해서 특별히 곤란을 겪었다는 기록은 없다는 점이야.

최소한 내가 찾은 기록 중에 그런 이야기는 없었어.

어쩌면 쿤이 보수적 성향을 띤 인물이라는 것을 모두가 알고 있어서, 모두들 그렇게 심각하게 생각하지 않았는지도 몰라.

일리 있는 말이야. 하지만 저자의 의도와 관계 없이, 그런 시대 상황 속에서 『구조』는 과학에 대한 급진적인 생각들을 품게 했어.

한번 상상해 봐. 과학이야말로 가장 보수적이라고 생각했는데, 어떤 책에서 과학의 권위적 태도에 반대하고 새로운 과학을 위한 가능성을 제시해 주었다면, 그 책을 본 독자들은 정말 깜놀했겠지. 그리고 그들은 과학의 혁명이 실제로 가능하다고 믿게 되었을지도.

맞아. 시대는 과학을 바꾸려는 사람들을 가리켜 '쿤주의자(kuhnian)'라고 불렀어. 하하. 아이러니의 연속이네.

생각하면 참 우스운 일이야. 쿤은 이런 흐름에 단호히 반대했잖아.

나는 쿤주의자가 아니란 말입니다!

심지어 쿤은 어느 자리에서 화를 내기도 했고.

책이란 어떤 시대에, 누가, 어디서 그것을 읽는지에 따라 예상치 못한 파급력을 낳을 수 있지.

책은 '아버지를 배신한 아들'이라는 거지? 시대와 함께 독립적으로 성장해 나가면서 말이야.

1970년대에 이르면, 과학에 대한 새로운 생각들이 본격적으로 결실을 맺기 시작해.

그중 하나가 '과학사회학', 즉 과학적 지식과 사회와의 관계에 주목하는 학문이야.

'스트롱 프로그램'을 말하는구나. 에든버러 학파에 의해 시작된 것 말야. 과학 활동 속에 자리잡고 있는 사회적 요인들을 연구한다고 하지.

그치만 스트롱 프로그램은 과학적 사실 자체가 실재한다는 것을 부정하지는 않지. 그 점에서 적절하다고 할까, 몸을 사린다고 할까?

좀더 대담한(?) 것도 있어. 구성주의적 과학사회학은 한걸음 더 나아가 '과학적 사실'이라는 것을 의심하지. 그들에게 과학적 사실은 '발견'되는 것이 아니라 사회적으로 '구성'되는 것이거든.

좀 멋지지 않아? 사실을 의심한다!

그 외에도 페미니즘 과학학, 탈식민주의 과학학 등 과학 자체를 학문의 대상으로 삼는 과학학(Science studies)이 생겨났지. 『구조』의 영향력은 지대한 것 같아.

그뿐만이 아니야. 과학사회학이 과학에 대한 새로운 관점을 제안했다면, 정말 과학 자체를 바꾸려는 시도들도 있었잖아.

1970년대와 80년대에 일어난 신과학운동(new science movement)을 말하는구나.

기존의 기계론적 과학관이 아닌 새로운 세계관 위에서 대안적인 과학을 구성하려 한 시도였지.

이 시도를 통해 진보적인 과학자들은 우리가 갖고 있는 세계와 자연, 인간에 대한 낡은 표상들을 바꾸려고 했지.

프리초프 카프라
(Fritjof Capra)

일리야 프리고진
(Ilya Prigogine)

움베르토 마투라나
(Humberto Maturana)

프란시스코 바렐라
(Francisco Varela)

하지만 지금은 아무도 과학 자체, 과학적 세계관 자체를 바꿀 수 있다고 상상하지 못해.

과학사회학과 신과학운동의 출현, 둘 다 과학이 갖고 있는 권위주의에 대항하기 위해 생겨났어. 『구조』와 그 시대가 만나서 함께 만들어낸 결과이지 않을까?

그래. 우리도 우리식으로 『구조』를 다시 읽어내야 하겠지.

지금은 쿤이 살던 시대와는 많이 다른 것 같아.

과학도 그만큼 바뀌었어. 『구조』가 나올 당시 과학의 중심을 물리학이 차지했다면, 지금은 생물학, 생명공학이 주도권을 쥔 듯해.

그래도 쿤의 문제의식만큼은 여전히 중요해. '과학은 무엇이고 어떻게 발전하는가?' 이 질문이 『구조』를 관통하는 문제의식이었잖아?

많은 이들이 쿤에게 환호를 보냈지만, 또 비판도 그만큼 보냈어.

사회구성주의자들은 쿤을 지지했고

과학적 지식은 과학자 사회의 활동에 의해서 만들어집니다.

데이비드 블루어 (David Bloor)

과학자들이야말로 비판적 지식인이어야 해요. 그런데 쿤의 정상과학은 과학자들을 맹목적으로 만들고 있어요!

포퍼주의자들은 쿤을 비판했지.

한스 알베르트 (Hans Albert)

그런데 말이지, 이들 모두 관심은 과학 자체, 혹은 과학자 공동체 내부에 있었던 것 같아.

과학과 과학자 공동체 안에서 '과학은 무엇이고 어떻게 발전하는가'를 물었단 말이지.

쿤은 이러한 과학자들의 행동양식이 과학의 발전을 위해서 필수적인 것이라 옹호했어.

달리 말하면, 과학적 문제의 선별이 사회적 요구나 대중들의 의견에 좌우되어서는 안 된다는 뜻이야.

과학자라면 '연구의 자율성이 보장되어야 한다'로 바꿔 말하겠지. 하지만 '자율성', 바로 이 말이 문제인 거야.

쿤은 자율성에 대한 공격, 혹은 외부적 간섭이 과학 연구의 발전을 더디게 한다고 생각했어.

사회과학자들은 다르더군요. 예컨대 '인종 차별'이라든지 '경제성장'처럼 사회적 중요도에 따라 연구 문제를 선택하는 경향이 있습니다.

과학자는 사회적으로 심각한 문제라고 해서 그 문제를 연구할 필요가 없습니다, 과학은 사회에 의해 갈팡질팡해서는 안 됩니다.

자기가 궁금해하는 것을 연구하는 자연과학자들과 사회적으로 중요한 문제를 연구하는 사회과학자, 과연 이들 중에 누가 더 빠르게 문제를 해결할 수 있을까요?"

결국 이런 의미잖아. "과학은 사회와 대중들로부터 격리되었기 때문에 급속한 발전을 이룰 수 있었다. 그러므로 발전을 유지하기 위해서는 사회로부터 멀어져야 한다."

당연해 보이는 말들 속에 함정이 있어. 이 자율성의 논리 자체가 과학의 권위를 옹호하기 위해 사용되거든. 시민들이 과학에 대해서 아무런 요구나 비판을 할 수 없도록 만든다고.

● 김명자, 홍성욱 옮김, 『과학혁명의 구조』(출간 50주년 기념판), 까치, 281쪽

여기서 지금 과학을 둘러싼 사건들과 쿤의 사상 사이의 유사점을 발견할 수 있어.

문제를 설정할 권한과 해결책, 과학적 지식을 생산할 권리는 오직 과학자들에게만 주어진다. 대중들은 과학적 지식을 생산할 수 있는 주체가 아니며 '사실'에 대해 이의를 제기할 수도 없다.

단지 열심히 수용할 뿐. 쿤의 과학관에는 이런 전제들이 깔려 있어.

그런데 사실 과학은 결코 사회와 대립적이지 않잖아. 과학도 사회의 한 영역이며, 다른 영역과의 상호작용 속에서 움직일 수밖에 없는걸.

게다가 과학자도 가족이나 친구들과 함께 살아가고, 어떤 정치적 견해나 사고방식, 취향을 갖고, 세금도 내고 투표도 하고 가끔 무단횡단도 하는 현실 속 사람이란 말이야.

가끔씩 과학자를 이야기할 때, 마치 과학 연구가 과학자의 전부인 것처럼 묘사돼. 과학 연구를 제외한 다른 일상은 모두 사라져 버린 듯하거든. 그런 과학자가 있을까? 아니, 사람이 그렇게 살아갈 수 있을까?

이런 추상적 모습은 과학자들 자신에게도 좋지 않을 것 같아.

쿤의 자료를 찾을 때 그 부분이 없어서 어려웠잖아. 대부분 연구자들은 쿤의 개인적 삶에는 관심이 없어. 쿤의 결혼과 재혼, 가족생활, 가까운 친구들 등등.

그런 삶의 변화들이 연구의 진행과 분리될 수 없는 부분인데.

또 사생활이 재밌기도 하고! 그의 성격이 엄청 괴팍했을지도 모르잖아.

크크…

결국 과학자들도 다양한 사회적 활동을 하면서 일상을 살아가는 사람이잖아. 우리가 흔히 말하는 대중이나 시민이지.

응. 그러니까 사회나 시민들로부터 완전히 자유로운 것은 원래 불가능하다는 말이지?

고립된 과학, 고립된 과학자는 현실이 아닌 추상적인 모습이니까.

안타까운 점은 그렇게 '자율성'을 주장하면서 정작 자본에 의존하고 있다는 점이야. 대부분의 과학자들이 기업의 프로젝트를 수행하고 있으며, 상품화될 수 있는 연구들에만 매진하고 있어.

세계대전 당시 전쟁과 과학의 관계와 크게 다르지 않아. 과학자들이 독립적이어야 할 대상은 사회가 아니라 자본이라고 생각해.

듣고 있냐?

광우병이나 원전 폭발, 반도체 공장 노동자의 백혈병 문제 등에서 과학자들은 과학이론을 내세워 회사 측 입장을 대변하잖아.

과학이론이나 과학의 설명방식 자체가 자본주의적, 경쟁구도적인 것 같아.

생명공학의 많은 연구가 '생명 활동으로부터 어떻게 이익을 창출할까', '생명을 어떻게 착취할까'에 집중하고 있어.

더 이상 과학은 자율적이지 않아.

옳은 말씀!

그렇기 때문에 지금 우리의 과학이 결코 안정적이지 않다는 생각도 들어.

광우병, GMO, 원전, 산업공장의 백혈병 환자 등은 끊임없는 과학적 논쟁을 불러일으키고 있잖아.

맞아. 불안한 과학? 이렇게 부를 수 있을까? 사건들뿐만 아니라 과학의 용어, 개념, 사고방식까지 모두 문제에 부쳐지고 있어.

아니, 어쩌면 그런 사건 자체가 과학적 사고방식의 문제에서 기인하는 것이기도 하지.

"사실은 불확실하고, 가치는 논쟁에 휩싸여 있으며, 위험부담은 크고, 결정은 시급"*하다는 말이 적절해.

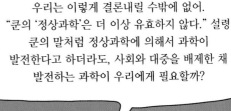

우리는 이렇게 결론내릴 수밖에 없어. "쿤의 '정상과학'은 더 이상 유효하지 않다." 설령 쿤의 말처럼 정상과학에 의해서 과학이 발전한다고 하더라도, 사회와 대중을 배제한 채 발전하는 과학이 우리에게 필요할까?

그러니까 내 말은, 우리에게는 '포스트 정상과학'이 필요하다는 뜻이야.

포스트 정상과학?

● **제롬 라베츠(Jerome Ravetz, 1929~)** 미국 출신의 과학철학자. '과학의 객관성'이란 전제에 대한 문제제기와 포스트 정상과학을 논의한 연구로 알려져 있다. 『과학, 멋진 신세계로 가는 지름길인가?』가 우리말로 번역되어 나왔다.

응. 과학의 불확실성이 높아진 만큼 과학을 자율성의 이름으로 내버려두는 것은 사회적 위험성을 높이는 일이야.

우리에게 필요한 것은 과학의 자율성이 아니라 과학지식이 대중들과 함께 생산될 수 있는 '공공성'이 아닐까? 공적 지식으로서의 과학. 너의 저번 에세이 제목!

그걸 기억하고 있구나. 부끄럽게도.

과학자들이 생산한 지식은 사회 구성원들 전체 속에서 활발히 토론되고 논쟁되어야 해.

하지만 그것이 과학의 권위주의를 이겨낼 수 있도록 진정한 토론이 되려면, 과학적 사실을 사회적 차원에서 거부할 수 있는 문화가 뒤따라야 할 거야.

사실을 거부한다? 쉽지 않은 일인데.

과학적 사실을 움직일 수 없는 토론이라면 기껏해야 주어진 사실을 어떻게 '활용'할지를 다루는 협소한 논의가 되겠지.

과학적 지식이나 사실이 '우리의 삶에 어떤 영향을 미칠 것인가', 이것이 검토되어야 해.

나쁜 영향을 준다면 과학적 지식이라도 바뀌어야 해.

이것이 과학이 '공적인 앎'이 되는 방법이지 않을까?

사실을 거부한다니까 갈릴레이 재판이 생각나네.

"그래도 지구는 돈다." 라고 했다던 그 재판?

응. 하지만 정말 그렇게 말했는지는 미스터리야. 하여튼 네가 '파느님'이라고 격하게 아끼는 파이어아벤트는 갈릴레이 재판을 아주 새롭게 해석하거든.

"단순한 '과학에 대한 종교의 억압', '합리적 이성과 종교적 미신의 대립'으로 여기는 것은 편협한 시각이다."

역시 파느님!

"이와 달리 갈릴레이와 교황청의 갈등 과정이 '공적 앎으로서의 과학'을 보여 준다." 고 했지.

1616년, 갈릴레이에게 지동설을 철회할 것을 요구한 사람은, 로베르토 벨라르미노[*] 추기경이었어.

왠지 갈릴레이에게 그런 요구를 했다는 이유로 과학사에서 억압의 아이콘이 되었을 것 같은 느낌인데?

정확해! '진실을 억압하는 비합리적 미신'의 상징이지. 그런데 이 추기경이 한 수도사에게 보낸 편지가 아주 흥미로워. 그 수도사는 지동설의 체계, 즉 갈릴레이적 우주론을 연구하는 학자였거든. 추기경은 이렇게 썼어.

● **성 로베르토 벨라르미노**(Sanctus Robertus Bellarminus 1542~1621) 이탈리아의 예수회 회원이자 로마가톨릭교회의 추기경. 교황 클레멘스 8세가 "이 사람을 뽑은 이유는 하느님의 교회 안에서 학식으로 그를 따를 사람이 없기 때문입니다."라고 했을 정도로 당대를 대표하는 뛰어난 신학자였으며, 교회의 수호자이기도 했다.

당신과 갈릴레이 씨께서 절대적이지 않고 가설로서 말하는 것에 만족하신다면, 두 분 다 사려 깊게 처신하고 있는 것으로 생각됩니다.

………

지동설이 천동설보다 더 잘 설명한다고 주장하는 것은 훌륭한 의미이며 거기엔 어떤 위험도 없습니다.

하지만 가설이 아니라 진리로서 지동설을 주장하는 것은 위험한 태도입니다.

오호! 놀라운데. 지동설을 주장해도 전혀 위험하지 않다니.

그렇지? 위험한 건 지동설 자체가 아니라 그것을 '진리'로서 주장할 때라는 거야.

그러니까 벨라르미노 추기경의 말을 현대식으로 풀면 이렇게 돼.

어떤 모델(지동설)이 다른 모델(천동설)보다 훨씬 더 설명력이 있다고 말할 수는 있지만, 그 이유 때문에 어떤 모델이 '과학적 사실'이라고 주장하는 것은 위험한 발언이오.

과학 교과서에서 많이 들어 본 이야기 같은데? 단순히 설명만 잘 된다고 곧 그것이 사실이라고 주장해서는 안 되잖아.

그런 이유 때문에 갈릴레이의 연구를 금지시켰다는 거야?

응. 그 편지의 결론 부분도 보자구.

태양이 우주의 중심에 있고 지구는 세 번째 천구에 있으며, 그래서 태양이 지구 주위를 도는 것이 아니라 지구가 태양의 주위를 돌고 있다는 말에 대해 어떤 실제적인 증명이 있다면, 그것과 반대로 가르치고 있는 듯한 성서를 설명할 때 우리는 매우 신중하게 나가야 합니다. 그래서 진리라고 증명된 [지동설]의 의견을 거짓 이라고 선언하기보다, 오히려 성서를 이해하지 못했음을 인정해야 합니다.

헉! 이게 과학을 대하는 성직자의 태도야? 지동설이 옳다고 인정되면 지금까지의 성서 해석이 잘못되었음을 인정해야 한다고?

그렇지? 벨라르미노 추기경에겐 성서와 자연, 이는 모두 신의 뜻을 표현하는 두 가지 대상이야. 이 둘은 서로 모순될 수 없지.

성서는 신의 뜻을 언어로 드러내는 것, 자연은 신의 뜻을 물질적으로 나타내는 것. 그러면 성서를 연구하는 성직자나 자연을 연구하는 자연학자는 실은 동일한 진리를 추구하고 있는 거구나.

응. 그래서 실제로 성직자들 중에 자연학자, 우리로 치면 물리학자나 생물학자가 많았던 것이지. 벨라르미노의 편지를 받은 수도사도 갈릴레이 체계를 연구하는 물리학자였던 셈이고.

그러므로 지동설이 '진리'로서 증명되면, 우리는 지동설을 억압해서는 안 된다는 거야.

지동설이 새로운 신의 뜻을 증명해 주는 것이니까,

지동설을 거짓으로 매도할 것이 아니라 우리가 알고 있던 성서가 지동설에 맞게 바뀌어야 한다고 주장했지. 물론 당대의 모든 성직자들이 이렇게 생각하지 않았을 수도 있고, 실제로 지동설에 대한 억압이 있었을 수도 있지.

그래도 벨라르미노 추기경이 교황의 명령을 받고 갈릴레이에 대한 조사를 진행한 것으로 봐서, 벨라르미노의 의견을 교황청의 공식 의견으로 이해해도 무리는 없어. 최소한 종교가 과학을 억압했다는 주장만큼은 다시 생각할 만하지.

단순히 종교적 권위를 옹호하기 위해 과학과 진리를 억압한다는 것은 벨라르미노에게는 공정하지 못한 처사였군.

결국 그는 지동설이 천동설을 압도할 만큼 확실하게 증명되기 전에는 객관적 사실이 아닌 가설로 다뤄져야 한다고 경고를 했던 거네.

실제로 벨라르미노는 지동설을 망원경을 통해 시험해 보았고, 다른 신부들에게도 지동설에 대한 의견을 물어보았어.

그 결과, 교황과 벨라르미노 추기경은 갈릴레이가 지동설을 '가설'로서 연구할 수 있도록 허락했으며, 이 종교재판으로 인해 갈릴레이의 학자적 명성이 추락하지 않도록 확인서를 써 주기까지 했어.

자신의 조사로 인해 갈릴레이가 더 이상 연구를 하지 못한다면, 갈릴레이 입장에서 얼마나 억울하겠어? 끝까지 책임져 준 거지.

의리 있는 추기경이네.

지동설에 대해 꼼꼼한 증명을 요구하는 것은 당시로서는 매우 합당한 선택이었어. 알다시피, 당시 성서는 단지 하나의 종교를 넘어서서 모든 사람들이 의존하고 있는 상식이자 굳건한 세계관이었지. 종교가 선택인 우리 시대와는 다르지.

그러므로 천동설은 단지 과학의 문제만이 아니었어. 천국과 지옥, 죄와 구원의 문제와 깊이 관련되어 있었거든.

흠… 과학적 지식이 우리에겐 그렇게 느껴지지 않을 것 같아. 힉스입자가 발견된다고 해서 도덕적 가치가 흔들리지는 않을 테니까.

당시 천동설에서 지구가 우주의 중심인 것은, 지구 혹은 지구에 사는 인간만이 타락했고 그렇기에 구원받을 수 있다는 구원론과 직결되어 있었어.

지동설에 따라 지구가 다른 행성과 차이가 없다면, 구원의 가능성조차 사라진다는 뜻이지. "아! 지동설이 옳다면 인류의 구원은 정녕 가능한가", 이런 고민에 빠져든 거지.

266

그래서 벨라르미노가 그렇게 신중했던 거구나. 섣불리 지동설을 인정해서 천동설이 무너진다면, 사람들은 구원이 불가능하다고 여겼을 것이며 삶의 의미를 상실했겠지.

당시 지동설은 세계관 전체를 붕괴시킬 만큼 놀라운 것이었도다!

만약 어떤 과학자가 사회적으로 공인되지도 않은 연구결과를 발표해서 사람들을 혼란에 빠뜨린다면, 정부는 어떻게 대처해야 할까? 벨라르미노나 당시 교황청이 했던 것처럼 가설 수준에서 연구를 하고 엄격한 증거자료를 제시하라고 요구했겠지.

갈릴레이 재판 뒤에 이런 이야기들이 있다니….

그래. 갈릴레이 재판이라는 전형적인 이야기 뒤에는 과학자들의 자율성 보장, 어떤 억압에도 불구하고 진리를 외치는 외로운 영웅, 진리에 대한 헌신적 추구 같은 과학에 대한 이러저러한 표상들이 녹아 있는 거지. 이런 이야기를 통해서 그런 표상들이 생산되기도 하고.

갈릴레이와 벨라르미노의 관계에서 과학과 사회가 어떤 관계를 맺어야 하는지 알 수 있을 것 같아.

사회는 마땅히 과학적 지식이 사회 구성원들의 삶과 공동체에 끼칠 영향력을 판단하고, 과학에 대해 정당한 의문을 제기할 수 있어야 해.

벨라르미노는 당시 사회적 관점에서 갈릴레이의 가설을 평가했던 거야. 지금 광우병이나 원전을 대하는 우리의 태도와 얼마나 달라?

내 말이.

과학의 영웅, 갈릴레이조차도 벨라르미노의 이의제기를 괴담이나 유언비어, 감정적 동요라고 매도하지 않잖아. 여기에 관해서 네덜란드의 사례도 생각이나.

네덜란드?

응, 네덜란드의 환경평가국에서는 환경에 관한 정책적 결정을 할 때, 과학자들의 의견만 듣지는 않아.

대신 시민들이 중심적인 주체가 되어 환경에 대한 과학자들의 주장을 다양한 각도에서 검토한대.

대부분 그렇지 않나? 자문위원회 같은 걸 만들어서 과학자들의 의견을 구하는 것은 비슷해 보이는데?

그렇지만 대개 과학자들의 자문이 절대적 영향력을 미치잖아. 과학적 사실이라고 말하는데 어떡하겠어.

하지만 네덜란드는 과학자들의 주장보다 시민들의 판단을 더 중시해. 그래야 과학이 갖고 있는 불확실성과 위험성을 적절히 규제하면서 활용할 수 있다고 보는 거지.

쿤의 정상과학에서 '공동체'는 아무도 접근할 수 없는 '과학자' 집단이지만 네덜란드 환경평가국의 경우, 그 공동체가 시민들에게까지 넓혀진 '확장된 공동체'야.

이런 의사결정 구도 속에서 대중의 문제제기는 과학자들이 반드시 해결해야 할 중요한 사안이며, 감정적 반응 역시 과학이 간과할 수 없는 경고야.

과학이 이제 과학자 공동체만의 산물이 아니라 공적 영역으로 나와서 함께 토론하고 논쟁해야 될 대상이 된 것이지. 벨라르미노 추기경이 갖고 있는 태도와 비슷해.

그럼 과학자의
역할은 뭐지?

논의의 영역이 더욱 풍부해지도록
조언하는 역할에 머무는 거지.
선택하고 판단하는 결정권은
시민의 몫이 되고.

그렇다면 시민들의 이해와 결정,
승인을 통해서 영향력 있는 과학적
지식이 탄생하는 것이구나.

네덜란드에서 정말 새로운 과학의
그림이 그려지고 있네.

쿤은 『구조』에서
우리가 갖고 있던
과학의 이미지를
완전히 바꿔 놨어.

객관적 사실들이 쌓여 가는
누적적 과학에서 패러다임
전환에 의해 불연속적으로
도약하는 과학으로.

또한 논리와 증명만으로 결정되는
과학에서 과학자 공동체, 즉 사람들의
활동으로 구성되는 과학으로 바꾸어
놓았지. 이 두 가지가 쿤의
중요한 기여였던 것 같아.

쿤의 시도야말로 '과학이란
무엇인가'에 대한 패러다임을
전환하는 것이었겠지.

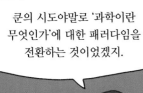

응, 맞아. 하지만 그것도 이미 오래된
이야기가 되고 말았어. 지금 우리
시대에는 쿤의 패러다임을 다시 한 번
전환시켜야 한다는 생각이 들어.

정상과학을
포스트 정상과학으로,

그리고…

과학자 공동체를 시민들이 함께하는 확장된 공동체로,

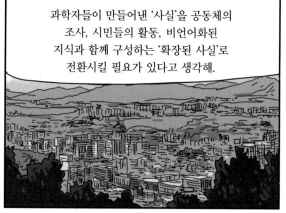

과학자들이 만들어낸 '사실'을 공동체의 조사, 시민들의 활동, 비언어화된 지식과 함께 구성하는 '확장된 사실'로 전환시킬 필요가 있다고 생각해.

오호, 좋은 생각! 요약하면 이런 말이지?

?

"쿤의 과학을 다시 한 번 패러다임 전환할 필요가 있다. '과학이란 무엇이고 어떻게 발전하는가' 이 질문에 언제나 새롭게 답하기 위해, 끊임없는 혁명적 도약이 필요하다!"

정확해!

부록

토머스 새뮤얼 쿤, 김명자·홍성욱 옮김, 『과학혁명의 구조』, 까치, 2013.

과학과 지식의 패러다임은 물론이고 쿤의 삶까지 바꿔 놓은 대표작. 쿤 스스로 말했듯이, 이 책은 과학의 발전사를 집대성한 완숙한 책이 아니다. 번뜩이는 재기와 놀라운 집중력으로 앞으로 자신이 연구할 비전을 제시한 책이다. 과학에 대한 새로운 가능성을 확인하고 싶다면 강추! 2016년에 번역 출간된 『코페르니쿠스 혁명』(정동욱 옮김, 지만지)도 참고하면 좋을 듯하다.

웨슬리 샤록, 루퍼트 리드, 김해진 옮김 『토머스 쿤 – 과학혁명의 사상가』, 사이언스북스, 2005.

영국의 사회학자 웨슬리 샤록과 철학자 루퍼트 리드가 쓴 책. 이들은 책에서 쿤의 사상을 제대로 이해하려 노력하며, 쿤에 대한 오해와 오독에 맞서 쿤을 옹호하고 있다. 쿤에 대한 저자들의 각별한 사랑이 느껴지는 책이다. 쿤을 사랑하는 사람이나, 쿤에게 의문을 가지고 있는 사람 모두에게 좋은 책이다.

칼 포퍼·토머스 새뮤얼 쿤·임레 라카토슈, 김동식·조승옥 옮김 『현대과학철학 논쟁 – 쿤의 패러다임 이론에 대한 옹호와 비판』, 아르케, 2002.

1965년 7월, 런던대학 베드퍼드칼리지에서 열린 '역사적인' 국제 과학철학 세미나를 상상 속에서 그려 보게 만드는 책. 당대 최고의 과학철학자들과 토머스 쿤 사이에 벌어졌던 치열한 지성의 현장으로 우리를 데려간다. 책 제목은 쿤과 관련이 없어 보이지만, 토머스 쿤의 과학관에 대한 논의를 담고 있는 책이다.

지아우딘 사르다르, 김환석·김명진 옮김, 『토머스 쿤과 과학전쟁』, 이제이북스, 2002.

쿤과 『구조』가 갖는 가능성과 한계를 적확하게 지적한 책. 과학의 독단주의와 과학자들의 폐쇄성에 대해서 날카롭게 풀어낸다. 복잡한 내용을 쉽고 가볍고 얇은 책에 담아냈다는 것이 대단하다.

스티븐 샤핀, 한영덕 옮김, 『과학혁명』, 영림카디널, 2002.

16세기 말과 18세기 초에 걸쳐 이루어진 과학혁명에 대해서 알고 싶다면 이 책을 보라! 당시의 생생하고 스펙터클한 현장 속으로 들어갈 수 있을 것이다.

I. 버나드 코헨, 한영덕 옮김, 『새 물리학의 태동』, 한승, 1996.

17세기의 천문학 혁명을 다룬 책. 코페르니쿠스 혁명과 갈릴레이, 케플러의 이야기를 아주 일목요연하게 정리하면서도 과학혁명 전반의 분위기를 크게 그릴 수 있게 한다. 무릇 대가의 책이란 이런 것! 버나드 코헨은 하버드대 과학사 교수 자리를 놓고 쿤과 경쟁을 했던 인연도 있다.

폴 파이어아벤트, 정병훈 옮김, 『킬링 타임』, 한겨레출판, 2009.
폴 파이어아벤트, 정병훈 옮김, 『방법에의 도전 – 새로운 과학관과 인식론적 아나키즘』, 한겨레, 1987.

쿤과 함께 과학철학의 새로운 패러다임을 연 파이어아벤트의 저서들. 『킬링 타임』은 파이어아벤트의 자서전이다. 세상에 이보다 유쾌하고 감동적인 자서전이 또 있을까! 누구든지 삶과 과학에 대한 그의 사랑을 느껴 보면 그를 사랑하지 않을 수 없다. 『방법에의 도전』은 파이어아벤트의 대표작이다. 갈릴레이에 대한 놀라운 해석을 통해, 새로운 앎은 기존의 방법에 전면적으로 도전하면서 탄생했다고 역설한다. 풍부한 삶을 원한다면 반드시 읽어 보시길!

스티브 풀러, 나현영 옮김, 『쿤/포퍼 논쟁 – 쿤과 포퍼의 세기의 대결에 대한 도발적 평가서』, 생각의나무, 2007.

쿤과 포퍼의 치열한 논쟁을 다룬 책. 하지만 과학철학에 대한 책이 아니다. 과학사회학의 관점에서 쿤과 포퍼를 통해 과학과 사회와의 관계를 다시 한 번 생각하도록 하는 책이다.

스티븐 J. 굴드, 김동광 옮김, 『생명, 그 경이로움에 대하여』, 경문사, 2004.

단속평형설을 제창한 스티븐 굴드의 대작. 새로운 생명관과 생명 그 자체의 아름다움을 노래하고 있는 과학의 대서사시! 꼭 읽어 보시라. 쿤과는 이렇게 인연의 장이 닿는다. 역사가 연속적이고 축적적이지 않다는 단속평형설은 쿤의 과학혁명의 개념과 동형적이다. 둘 모두 새로운 역사관을 제시한다.

움베르토 마투라나·프란시스코 바렐라, 최호영 옮김, 『앎의 나무』, 갈무리, 2007.

신경생물학자이자 철학자인 마투라나와 바렐라의 책. 신경이론의 자기조직화 개념을 통해 우리의 앎과 삶을 근본적으로 재조명하고 있다. 과학책의 결론이 '사랑'이란 것이 얼마나 멋진가!

베르너 하이젠베르크, 김용준 옮김, 『부분과 전체』, 지식산업사, 2013.

위대한 과학자이자 철학자인 하이젠베르크의 생각과 삶이 대화로 펼쳐진다. 우리 삶의 중요한 순간에는 언제나 대화가 있었다는 것을 새삼 실감하게 된다. 쿤이 누군가와 산책하면서 대화하는 부분은 모두 하이젠베르크의 산책들에서 모티브를 얻었다.

1922년	7월 18일 미국 오하이오주 신시내티에서 아버지 사무엘 L. 쿤(Samuel L. Kuhn)과 어머니 미네트 스트룩 쿤(Minette Stroock Kuhn) 사이에서 태어났다. 유대인 가정의 장남이었다.
1927년(5세)	뉴욕주로 이사한 후, 진보적 사립학교를 다닌다. 링컨 초등학교, 혜시안 힐스 학교, 태프트 고등학교에서 배운다.
1940년(18세)	하버드대학 물리학과에 입학한다.
1942년(20세)	하버드대학 교내 신문인 「크림슨」의 편집장을 맡는다.
1943년(21세)	하버드대학 물리학 학사를 최우등으로 졸업한다. 이후 하버드대학 과학연구소 산하 전파연구소에서 군 복무를 한다.
1946년(24세)	하버드대학원 물리학 과정에 들어간다.
1947년(25세)	비자연계 학생을 위한 자연과학 강의를 개설한다. 이때 과학사 강의를 준비하면서 아리스토텔레스의『자연학』을 공부하며 과학사를 새롭게 이해하게 된다.『과학혁명의 구조』를 쓰는 결정적 계기가 된다.
1948년(26세)	하버드대학의 '주니어 펠로우'(Junior Fellow)에 선정되어, 3년간의 연구비를 지원받고 자유로운 연구를 수행한다. 과학사를 중심으로 철학, 언어학, 사회학, 심리학 등을 공부한다. 이 시기를 거치면서 과학역사가로서의 길을 가기 시작한다.
1948년(26세)	11월 27일 캐서린(Kathryn Muhs)과 결혼한다.
1949년(27세)	물리학 박사학위를 받는다.
1951년(29세)	보스턴 공립 도서관에서 과학사를 강의한다.『구조』의 토대가 된다.
1957년(35세)	『코페르니쿠스 혁명』을 출간한다. 대중적이지만 전문적이지 못하다는 평가를 받는다. 하버드대학 사학과 정교수직 심사에서 탈락하며 UC버클리 철학과로 옮긴다.
1961년(39세)	버클리 사학과 정교수직에 취임한다. 바라던 철학과 정교수직에는 오르지 못한다. 과학사 과정을 개설한다. 같은 해 AHQP의 책임자를 맡아 양자역학의 창시자들을 인터뷰하기 시작한다.
1962년(40세)	『구조』를 출간한다.『국제 통합과학 백과사전』의 일부로 출간되고 나서, 시카고대학 출판부에서 단행본으로도 출간한 것이다.
1963년(41세)	스탠퍼드대학 과학사 및 과학철학과 교수로 임용된다.
1965년(43세)	런던정경대학에서 주최한 국제 과학철학 심포지엄에 참석한다. 여기서 세계 최고의 과학철학자들과 토론했으며, 특히 포퍼와의 논쟁은 널리 알려진다.
1968년(46세)	미국 과학사학회 회장으로 뽑혔으며, 1970년까지 활동한다.
1970년(48세)	후기를 덧붙인『구조』2판이 출간된다.

1977년(55세) 논문집 『본질적 긴장』을 출간한다.

1978년(56세) 『흑체이론과 양자 불연속성, 1894~1912』를 출간한다. 그해 9월 캐서린과 이혼한다.

1979년(57세) 매사추세츠 공과대학(MIT)의 과학사 및 철학과 교수로 임용된다.

1981년(59세) 10월 25일 제한(Jehane B. Burns)와 재혼한다.

1982년(60세) 과학사학회에서 가장 권위 있는 상인 조지 사튼 메달을 수상한다.

1983년(61세) 과학사회학회가 수여하는 존 데즈먼드 버널 상을 수상한다.

1988년(66세) 과학철학회 회장으로 취임한다.

1995년(73세) 그리스 아테네대학에서 명예박사학위를 받는다. 이를 기념한 심포지엄에 참석했으며, 인터뷰 '쿤과의 대화'를 한다.

1996년(74세) 6월 17일 폐암으로 눈을 감는다. 같은 해 『구조』 3판이 출간된다.

2000년 쿤의 철학적 논문들이 『구조 이후의 길』로 엮어서 출간된다.

찾아보기

쿤의 과학혁명의 구조
과학과 그 너머를 질문하다

2015년 5월 18일 초판 1쇄 펴냄
2017년 8월 24일 초판 3쇄 펴냄
지은이 박영대·정철현 | 그린이 최재정·황기홍

펴낸이 최지영 | 펴낸곳 작은길출판사 | 출판등록 2011년 10월 25일 제25100-2014-000022호
주소 서울 노원구 덕릉로79길 23 103-1409 | 전화 02-996-9430 | 팩스 0303-3444-9430
전자우편 jhagungheel@naver.com | 블로그 jhagungheel.blog.me
페이스북페이지 www.facebook.com/jhagungheel

ISBN 978-89-98066-16-1 04400
ISBN 978-89-98066-13-0 (세트)

글 ⓒ 박영대·정철현 2015 | 그림 ⓒ 최재정·황기홍 2015 | 기획 ⓒ 손영운 2015